SHUILIXUE SHIYAN JIAOCHENG

水力学实验教程

主编　张艳杰　李家春
主审　田伟平

西北工业大学出版社
西　安

【内容简介】 本书主要介绍道路与铁道工程及相关专业水力学实验原理与方法。目的是使学生掌握水力学实验的基本技能和方法，培养学生分析问题、解决问题以及理论联系实际的能力。本书内容包括水力学基本实验原理、实验设备与实验步骤、实验中的数据处理和误差分析等。

本书可作为高等学校道路与铁道工程、交通运输工程等专业本科生的教材。

图书在版编目(CIP)数据

水力学实验教程/张艳杰，李家春主编．—西安：西北工业大学出版社，2018.3(2020.8 重印)

ISBN 978-7-5612-5893-4

Ⅰ.①水… Ⅱ.①张… ②李… Ⅲ.①水力实验—高等学校—教材 Ⅳ.①TV131

中国版本图书馆 CIP 数据核字(2018)第 048131 号

策划编辑： 李 萌

责任编辑： 孙 倩

出版发行： 西北工业大学出版社

通信地址： 西安市友谊西路 127 号 邮编：710072

电 话： (029)88493844 88491757

网 址： www.nwpup.com

印 刷 者： 陕西富平万象印务有限责任公司

开 本： 787 mm×1 092 mm 1/16

印 张： 8.875

字 数： 211 千字

版 次： 2018 年 3 月第 1 版 2020 年 7 月第 2 次印刷

定 价： 22.00 元

前　言

水力学是一门重要的技术基础课程，是高等学校理工科相关专业的必修课，在水利工程、建筑工程、机械工程、环境工程、化学工程、交通运输工程等许多工程领域有着广泛的应用。这门课程的主要任务是使学生掌握水力学的基本概念、基本理论和解决水力学问题的基本方法，具备一定的实验技能，为学习专业课程、从事专业工作和科学研究打好基础。

水力学实验在水力学学科发展及教学工作中占有重要地位。本书是为了适应近年来实验室建设快速发展的形势，满足教学和学生学习的需要而编写的。

本书是笔者在多年水力学教学的基础上编写的。全书包括11个实验，分水力学实验指导和报告集两部分。水力学实验指导主要介绍实验原理、实验设备、实验目的和要求、实验方法和步骤、实验成果要求、实验注意事项等。水力学实验报告集用于学生实验数据量测、记录、数据处理和分析。

全书在拟定编写大纲以及编写过程中，曾得到长安大学田伟平教授、西安理工大学张志昌教授的关心支持，提供了许多宝贵的经验和建议，在此特表谢忱。编写本书曾参阅了相关文献资料，在此，谨向其作者深表谢意。

书中如有欠妥之处，敬请读者指正。

编　者

2017年10月

目 录

水力学实验指导

水力学实验报告集

水力学实验指导

水力学实验要求

一、水力学教学实验要求

“水力学”是重要的专业技术基础课程。在交通土建、市政工程、水利、环境保护、机械制造、石油工业、金属冶炼、化学工业等方面都有广泛的应用。在以上专业的本科生教学中都开设了“水力学”课程，不同专业对课程学习内容和学时安排略有不同。

“水力学”属于物理学中力学的一个分支。它的任务是以水为模型研究液体平衡与运动规律，侧重于演绎推导及原理方法的学习和应用。“水力学”的研究方法包括理论分析、实验验证与补充以及利用现代化的电子技术快速求解等。从“水力学”学科发展来看，由于它是一门技术科学，实验方法是促进其发展的重要手段。

近年来，现代实验技术的迅猛发展促进了现代水力学的蓬勃发展，因而，“水力学实验”成为“水力学”课程中一个不可缺少的重要教学环节。在“水力学”教学中，要重视实验环节，不断加强教学实验的内容与深度，创造条件使学生逐步学会独立操作实验和分析实验结果，培养学生的动手能力和进行科学实验研究的初步能力。

水力学实验应满足以下教学要求：

(1)观察水流现象，增强感性认识，提高理论分析的能力。

(2)验证水力学原理，测定实验数值，巩固理论知识的学习。

(3)学会量测水力要素和使用基本水力仪器的方法，掌握一定的实验技能，了解现代量测技术。

(4)培养分析实验数据、整理实验成果、编写实验报告的能力。

二、水力学教学实验内容

为保证“水力学”教学实验的进行，满足教学实验的要求，可以采取三个层次的教学实验。

1. 基本教学实验

按“水力学”课程的基本要求，结合讲课进度或单独开设实验课来安排实验内容。“水力学”演示实验与量测实验课时一般占课程总学时数的10%～15%。

实验内容包括以下两部分。

(1)基础水力学部分。该部分实验包括物理性质实验，静水压强，流线与迹线，总流三大方程，流动形态，沿程与局部阻力系数，水击现象，孔口，管嘴出流等实验内容。其中可选取沿程阻力系数和局部阻力系数测定作为量测实验项目，让学生分组独立进行实验和数据处理。

(2)专门水力学部分。该部分实验因专业的不同而不同。例如：对于水工建筑专业，实验内容包括明渠水跃量测，闸孔出流，实用堰及宽顶堰溢流、消能方式，明渠流速分布及达西渗透实验，闸基渗透实验等。道路与铁道工程专业，实验内容包括堰流实验，水跃实验，明渠水面线实验以及小桥、涵洞水流实验等。教学中可以根据专业特点选择一个或几个作为量测实验，锻炼学生的动手能力和独立进行实验的能力，也可以将明渠闸堰流动与水跃实验作为综合实验项目。

2. 选修实验

挑选学有余力的学生参加水力学科技兴趣小组。让学生在教师指导下，开展参考书、专业文献的阅读和讨论，并组织学生进行选修实验，了解一些现代量测技术，提高其实验技能。这部分实验内容与教学内容紧密联系，通过实验加深与巩固课堂教学的理论知识，培养学生具有初步进行科学实验的能力。

3. 科研专题性实验

利用一定时间组织学生参加生产任务研究与科研专题中的水力学实验研究工作。研究任务大致包括以下几项。

(1)生产性与科研基金性专题实验研究，应用常规仪器或现代量测技术，在教师指导下进行实验量测与结果分析。

(2)新仪器、新技术开发研究实验，如对激光测速仪、波高仪、热膜测速仪等的开发研究。

(3)为改进、扩充教学实验项目所作的研究，如新安装仪器设备的率定实验，实验数据微机处理程序的研发等。

三、水力学实验室基本要求

完成水力学教学实验任务，提高学生的实验技能，必须具有一定的物质条件和实验人员。

水力学实验室需要拥有足够的实验面积、场地和设备。每项实验设备应该有足够的套数，满足分组实验的要求。每套设备应具备较高的精度，使能获得准确的实验结果。同时，实验室应配备相应的人力，包括教师、实验技术人员与技工。

四、水力学实验室主要设备

(1)教学实验设备与仪器。一般情况下，每项演示实验设备可设 1～2 套；每项定量量测实验设备应设 4～6 套，以便 40 人左右的小班能分成 8 个小组，分别做两种实验。每小组 4～5 人，便于人人动手做实验。如条件允许，重点实验设备套数还可增加，小组人数还可减少。

如果水力学实验是单独设课，那么由于可同时进行几种不同实验，则同一种实验的设备套数可减少。

(2)水流循环系统。需要为实验设备提供恒定水头条件下的水源，以便获得稳定的实验条件与可靠的实验数据。一般为节约用水，水源多被设计成水流循环系统，包括蓄水池或水箱、水泵、平水箱、供水管路、回水渠管等，多用自来水。

(3)量测仪器及率定设备。量测水力要素如水位、流速、压强与流量的仪器，应视需要决定购置套数。自制的或购置的仪器设备在使用前或使用一段时间后，均需进行率定以校验其精度。必要的现代量测仪器、计算机等，需设专用仪器间存放、维护及使用。

(4)必要的维修与加工机具与设备。

(5)小型仓库。用来存放实验器材和旧设备等。

实验一　水静力学基本方程实验

一、实验目的

(1)加深理解重力作用下水静力学基本方程的物理意义和几何意义。

(2)学习使用测压管量测静水压强的方法。

(3)观察在重力作用下静止液体中任意点的位置水头 z、压强水头 p/γ 和测压管水头 $z+p/\gamma$,验证不可压缩静止液体水静力学基本方程。

(4) 巩固绝对压强、相对压强和真空的概念。

(5) 学习测量液体重度的方法。

二、实验要求

(1) 观察在重力作用下,静止液体中任意两点的位置高度(水头)z、压强高度 p/γ 和测压管水头 $z+p/\gamma$,验证水静力学基本方程。

(2) 量测当 $p_0=p_a$,$p_0>p_a$,$p_0<p_a$ 时静止液体中某一点的压强,分析各测压管水头的变化规律,加深对绝对压强、相对压强、表面压强、真空压强的理解。

(3) 测量其他液体的重度(设水的重度为已知)。

三、实验原理

水静力学讨论静水压强的特性、分布规律及如何根据静水压强的分布规律来确定静水总压力等问题。

1. 静水压强的特性

流体静止时不承受切应力,一旦受到切应力就产生变形,这就是流体的定义。从这个定义出发,可以认为在静止的液体内部,所有的应力都是正交应力。因此,静水压强具有以下两个特性。

(1) 静水压强的方向与受压面垂直并指向受压面。

(2) 任一点静水压强的大小和受压面的方向无关,或者说作用于同一点上的各方向的静水压强大小相等。

2. 静水压强的基本方程

在重力作用下,处于静止状态不可压缩的均质液体,其基本方程为

$$z_1+\frac{p_1}{\gamma}=z_2+\frac{p_2}{\gamma}=\cdots=C \tag{1-1}$$

式中，z 为单位重量液体相对于基准面的位置高度，或称位置水头；p/γ 为单位重量液体的压强高度，或称压强水头；p 为静止液体中任意点的压强；γ 为液体的重度；$z+p/\gamma$ 称为测压管水头。

式(1-1)的物理意义：静止液体任意一点的单位位能和单位压能之和是一个常数。几何意义：静止液体中在任意一点的位置高度 z 与压强高度 p/γ 之和为一常数，即测压管水头相平。

水静力学基本方程也可以写为

$$p=p_0+\gamma h \tag{1-2}$$

式中，p_0 为作用在液体表面的压强；h 为由液面到液体中任一点的深度。

式(1-2)说明，在静止液体中，任一点的静水压强 p，等于表面压强 p_0 加上该点在液面下的深度 h 与液体重度 γ 的乘积。表面压强遵守巴斯加原理，等值地传递到液体内部所有各点上，当表面压强 p_0 一定时，由式(1-2)可知，静止液体中某一点的静水压强 p 与该点在液面下的深度 h 成正比。

如果作用在液面上的表面压强是大气压强 p_a 时，则式(1-2)可写为

$$p=p_a+\gamma h \tag{1-3}$$

式(1-3)说明，当作用在液面上的压强为大气压强时，其静水压强等于大气压强 p_a 与液体重度 γ、水深 h 乘积之和。这样所表示的一点压强叫作绝对压强(当液面上压强不等于大气压强时以 p_0 表示)。绝对压强是以没有气体存在的绝对真空来计算的压强。以当地大气压强为零来计算的压强，则称为相对压强，可以表示为

$$p=\gamma h \tag{1-4}$$

相对压强也叫表压强，所以表压强是以大气压强为基准算起的压强，它表示一点的静水压强超过大气压强的数值。

如果某点的静水压强小于大气压强，就说“这点具有真空”。其真空压强 p_v 的大小以大气压强和绝对压强之差来量度，即

$$p_v=\text{大气压强}-\text{绝对压强} \tag{1-5}$$

当某点发生真空时，其相对压强必然为负，故把真空又称为负压，真空压强也就等于相对压强的绝对值。

四、实验设备和仪器

静水压强实验仪由盛水密闭圆筒容器、连通管、测压管、U形管、气门、调压筒和底座组成，如图1-1所示。U形管中可以装入不同种类的液体，以测定不同种类液体的重度。

五、实验步骤

(1)在U形管中装入需要量测重度的液体，可以是油或者其他液体。

(2)了解仪器组成及其用法，包括加压方法、减压方法。检查仪器是否密封，检查的方法是关闭气门，在调压筒中盛以一定深度的水，将调压筒上升高于密闭圆筒容器，待水面稳定后，看调压筒中的水面是否下降，若下降，表明漏气，应查明原因加以处理。

(3)记录仪器编号及各测压管编号,选定基准面,记录基准面到各测压点的高度。

(4)打开密闭圆筒容器上的气门,使箱内液面压强 $p_0=p_a$,记录1,2,3,4,5点测压管水面高度,找出等压面。

(5) 关闭气门,升高调压筒,使箱内液面压强 $p_0>p_a$,待水面稳定后,观测1,2,3,4,5点测压管水面高度。

(6) 降低调压筒,使箱内液面压强 $p_0<p_a$,待水面稳定后,观测1,2,3,4,5点测压管水面高度。

(7)实验完后将仪器恢复原状。

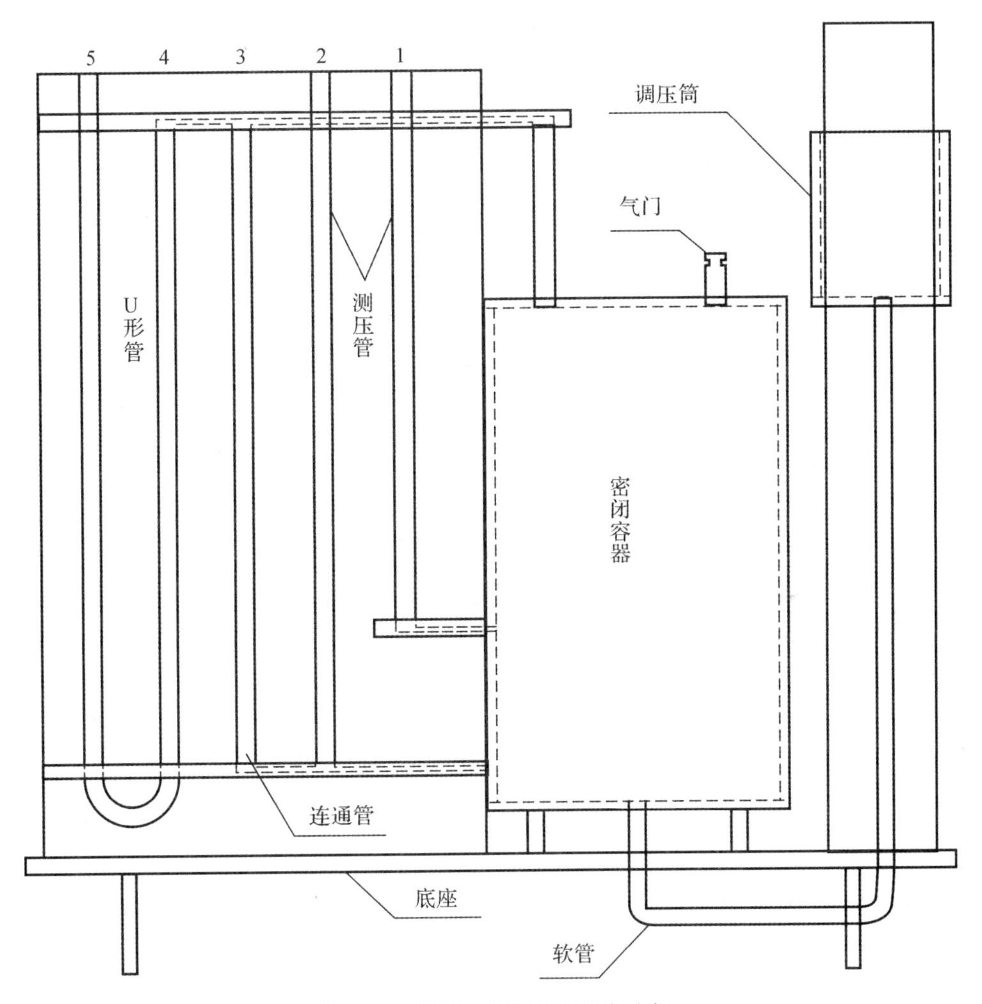

图1-1　水静力学基本方程实验仪

六、数据处理和成果分析

实验设备名称:________________　仪器编号:________________

同组学生姓名:________________________________

已知数据:$z_1=$________ cm;　$z_2=z_3=$________ cm。

(1)实验数据记录及计算成果：

项　目	$\frac{p_1}{\gamma}$ cm	$\frac{p_2}{\gamma}$ cm	$\frac{p_3}{\gamma}$ cm	$\frac{p_4}{\gamma}$ cm	$\frac{p_5}{\gamma}$ cm	$\frac{\Delta h_1}{\text{cm}}$	$\frac{\Delta h_2}{\text{cm}}$	$\frac{p_0}{\gamma}$ cm	$\frac{z_1+\frac{p_1}{\gamma}}{\text{cm}}$	$\frac{z_2+\frac{p_2}{\gamma}}{\text{cm}}$	$\frac{\gamma}{\text{kg/m}^3}$
$p_0=p_a$											
$p_0>p_a$											
$p_0<p_a$											

指导教师签名：　　　　　　　　　　　　　　　　实验日期：

注：$\Delta h_1=\frac{p_2-p_3}{\gamma}$；$\Delta h_2=\frac{p_5-p_4}{\gamma}$。

(2)由表中计算的 $z_1+\frac{p_1}{\gamma}$ 和 $z_2+\frac{p_2}{\gamma}$，验证水静力学基本方程。

(3) 由表中的$\frac{p_0}{\gamma}$ 计算圆筒容器内水的表面压强，即 $p_0=\gamma\frac{p_0}{\gamma}$。

(4) 计算当 $p_0>p_a$ 时 1 号和 2 号测点的绝对压强和 $p_0<p_a$ 时容器内的真空压强。

(5) 计算 U 形管中油的重度 γ。

设在 $p_0>p_a$ 时，2 号测压管和 3 号测压管的水面差为 Δh_1，U 形测压管的水面差为 Δh_2，则

$$p_0=\gamma\Delta h_1=\gamma\Delta h_2$$

由上式可得

$$\gamma=\gamma\frac{\Delta h_1}{\Delta h_2}$$

七、注意事项

容器的密闭性能要保持良好状态，实验时仪器底座要水平。

八、思考题

(1)表面压强 p_0 的改变，对 1、2 两点的压强水头有什么影响，对真空压强有什么影响？

(2) 相对压强与绝对压强、相对压强与真空压强有什么关系？

(3)U 形管中的压差 Δh_2 与液面压强 p_0 的变化有什么关系？

(4) 如果在 U 形管中装上与密闭容器相同的水，则当调压筒升高或降低时，U 形管中 Δh_2 的变化与 Δh_1 的变化是否相同？

实验二　壁挂式自循环流动演示实验

一、实验目的和要求

(1)观察液体流动的迹线和流线(恒定流)。

(2)观察液体沿不同形状的物体表面绕流的各种水流现象。

二、实验原理

壁挂式自循环流动演示仪由彩色有机玻璃面罩、不同边界的流动显示面、加水孔孔盖、掺气量调节阀、蓄水箱、晶闸管、无极调速旋钮、水泵室、日光灯、铝合金框架后盖和回水道组成。结构如图2-1所示。

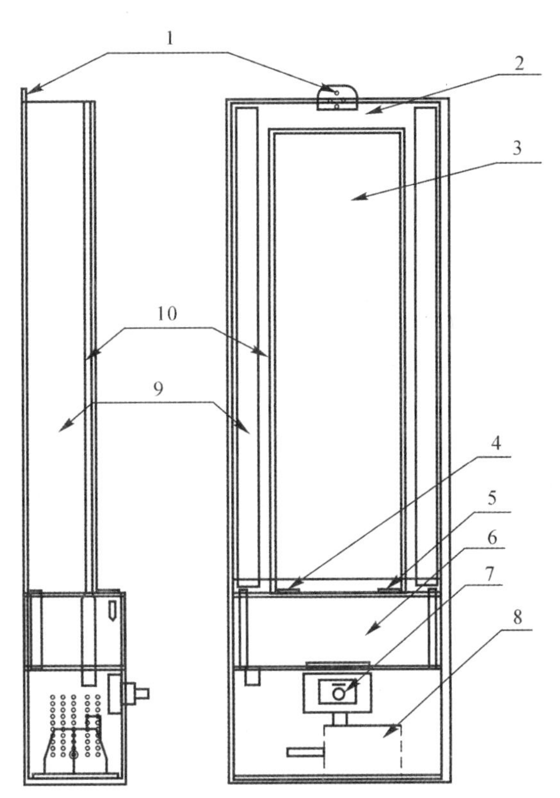

图2-1　壁挂式自循环流动演示仪结构示意图

1—挂孔;2—彩色有机玻璃罩;3—流动显示面;4—加水孔孔盖;
5—掺气量调节阀;6—蓄水箱;7—可控硅无极调速旋钮;8—水泵;9—灯管;10—回水道

该仪器以气泡为示踪介质，狭缝流道中设有特定的边界流场，用以显示不同边界条件下的内流，外流，射流元件等多种流动图谱。由图 2－1 可以看出，当工作液体（水）由水泵驱动到流动显示面，通过两边的回水流道流入蓄水箱时，水流中掺入了空气。空气的多少可以由掺气量调节阀调节。掺气后的水流再经水泵驱动到流动显示面时，形成了无数的小气泡随水流流动，在仪器内的日光灯照射和显示面底板的衬托下，小气泡发出明亮的折射光，清楚地显示出各种不同流场水流流动的图像。由于流动显示面设计成多种不同的形状边界，流动图像可以形象地显示出不同边界包括分离、尾流、漩涡等多种流动形态及其水流内部质点运动的特性。整个仪器由 7 个单元组成，每个单元都是一套独立的装置，可以单独使用，也可以同时使用，如图 2－2所示。

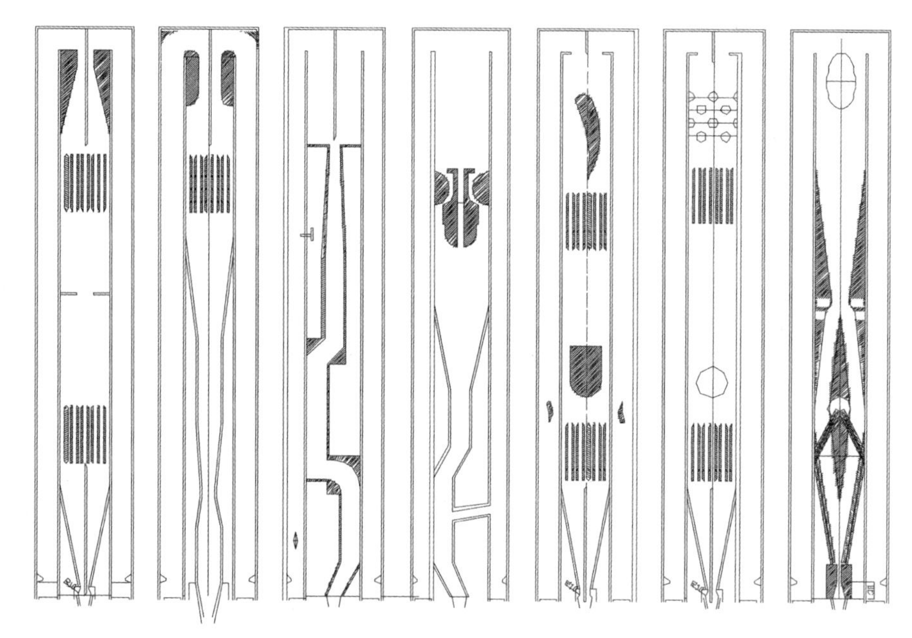

图 2－2　流动演示仪过流道示意图

三、实验指导

1. SL－1 型流动显示仪

用以显示逐渐扩散、逐渐收缩、水流通过孔板时的流态、壁面冲击、直角弯道、整流栅的不同放置等平面上的流动现象，模拟串联管道纵剖面流谱。

在逐渐扩散段可以看到由边界层分离而形成的漩涡，在靠近上游喉颈处，流速越大，漩涡尺度越小，紊动强度越高；而在逐渐收缩段，水流无分离，流线均匀收缩，无漩涡，由此可知，逐渐扩散段局部水头损失大于逐渐收缩段。所以在工程设计中，一般取逐渐收缩的喇叭形取水口，这是因为喇叭形取水口更符合流线形的要求，水头损失小。

在孔板前，流线逐渐收缩，汇集于孔板的过流孔口处，孔板后的水流并不是马上扩散，而是继续收缩至一最小断面，称为收缩断面。在收缩断面以前，只在拐角处和收缩断面后的出口附近有小漩涡出现。在收缩断面后，水流才开始扩散。扩散后的水流犹如突然扩大一样，在主流区周围形成强烈的漩涡回流区。由此可知，孔板流量计有较大的水头损失。

在直角弯道和水流冲击的壁面段，也有多处漩涡区出现，尤其在弯道流动中，流线弯曲更加剧烈，越靠近弯道内侧流速越小。在靠近内壁处，出现明显的回流，所形成的回流范围较大。将此现象与 SL－2 型流动显示仪的圆角转弯流动对比，可以看出，直角弯道漩涡大，回流更加明显。

对比整流栅的不同放置可以看出，不管整流栅怎样放置，在整流栅的前部漩涡较小，在整流栅的后部漩涡较大，说明整流栅的后部水头损失大于前部。

通过流量调节可以看出，漩涡的大小和紊动强度与流速有关。当流量减小时，渐扩段流速减小，其紊动强度也减小，这时看到在整个渐扩段有明显的单个大尺度漩涡；反之，当流量增大时，单个大尺度漩涡随之破碎，并形成无数个小尺度的漩涡，流速越高，漩涡尺度越小，紊动强度越大。在孔板后的突扩段，也可看到漩涡尺度随流速变化的情况。据此清楚地表明：漩涡尺度随紊动强度增大而变小，水质点间的内摩擦加强，水头损失增大。

2. SL－2 型流动显示仪

显示文丘里流量计、圆弧进口管嘴流量计以及壁面冲击、圆弧形弯道等串联流道纵剖面上的流动图像。

由显示可见，文丘里流量计过流顺畅，流线顺直，无边界层分离和漩涡产生。圆弧进口管嘴流量计入流顺畅，管嘴过流段上无边界层分离和漩涡产生；在圆形弯道段，边界层分离的现象及分离点明显可见，与直角弯道比较，流线较顺畅，漩涡较小。

由以上流动可以了解三种流量计的结构、优缺点及其用途。文丘里流量计由于水头损失小而广泛地应用于工业管道上测量流量。圆弧型管嘴出流的流量系数（约为 0.98）大于直角形管嘴出流的流量系数（约为 0.82），说明圆弧型管嘴进口流线顺畅，水头损失小。孔板流量计结构简单，测量精度高，但水头损失很大，做流量计损失大是缺点。但利用孔板消能又是优点，例如黄河小浪底水电站，在有压隧洞中设置了五道孔板式消能，其消能机理就是利用了孔板水头损失大的原理，使泄洪的余能在隧洞中消耗，从而解决了泄洪洞口缺乏消能条件的工程问题。

3. SL－3 型流动显示仪

显示 30°弯头、直角圆弧弯头、直角弯头、45°弯头、闸阀、蝶阀以及非自由射流等流段纵剖面上的流动图像。

由显示可见，在每一转弯的后面，都因为边界条件的改变而产生边界层的分离，从而产生了漩涡。转弯角度不同，漩涡大小、形状各异，水头损失也不一样。在圆弧转弯段，由于受离心力的影响，凹面离心力较大，流线较顺畅，凸面流线脱离边壁形成回流。该流动还显示了局部水头损失叠加影响的图谱。

闸阀半开时，尾部漩涡区较大，水头损失也较大。蝶阀全开时，过流顺畅，阻力小；半开时，在蝶阀的尾部产生尾涡区，水流剧烈的紊动，表明蝶阀半开时阻力大且易引起振动。蝶阀通常作检修用，故只允许全开或全关。

在非自由射流段，射流离开喷口后，不断卷吸周围的液体，形成射流的紊动扩散。和自由射流不同的是，非自由射流离开喷口后在出口形成两个较大的漩涡，产生强烈的紊动，使射流向外扩散。在漩涡的两侧由于边壁的影响，可以看到射流的“附壁效应”现象。此“附壁效应”对壁面的稳定性有着重要的作用。若把喷口后的中间导流杆当作天然河道里的一侧河岸，则由水流的附壁效应可以看出，主流沿河岸高速流动，该河岸受到水流的严重冲刷；而在主流的外侧，水流产生高速回旋，使另一侧河岸也受到局部淘刷；在喷口附近的回流死角处，因为流速小，紊动强度小，则可能出现泥沙的淤积。

另外从弯道水流观察分析可知，在急变流段测压管水头不按静水压强的规律分布，其原因：①离心惯性力的作用；②流速分布不均匀（外侧大，内侧小并产生回流）等原因所致。

4. SL-4 型流动显示仪

显示转弯、分流、合流、45°弯头、YF 溢流阀等流段纵剖面上的流动图谱。其中 YF 溢流阀固定，为全开状态。

由显示可见，在转弯、分流、合流等过流段上，有不同形态的漩涡出现。合流漩涡较为典型，明显干扰主流，使主流受阻。

YF 溢流阀是压力控制元件，广泛用于液压传动系统。其主要作用是防止液压系统过载，保护泵和油路系统的安全，以及保持油路系统的压力恒定。

YF 溢流阀的流动介质通常是油，本装置流动介质是水。该装置能十分清晰地显示阀门前后的流动形态：高速流体经过阀口出口后，在阀芯的大反弧段发生边界层的分离，出现一圈漩涡带；在射流与阀芯的出口处，也产生较大的漩涡环带。在阀后，尾迹区大而复杂，并有随机的卡门涡街产生。经阀芯流出的流体也在尾部区产生不规则的左右扰动，调节过流量，漩涡的形态仍然不变。

该阀门在工作中，由于漩涡带的存在，必然会产生较激烈的振动，尤其是阀芯反弧段上的漩涡带，影响更大。由于高速紊动流体的随机脉动，必然要引起漩涡区真空度的脉动，这一脉动压力直接作用在阀芯上，引起阀芯的振动，而阀芯的振动又作用于流体的脉动和漩涡区的压力脉动，因而引起阀芯的更激烈的振动。显然这是一个很重要的振源，而且这一漩涡带还可能引起阀芯的空蚀破坏。

5. SL-5 型流动显示仪

显示明渠逐渐扩散、桥墩形柱体绕流、机翼体绕流、直角弯道和正、反机翼体绕流等流段上的流动图谱。

（1）桥墩形柱体绕流。该绕流体为圆头方尾的钝形体，水流脱离桥墩后，在桥墩的后部形成尾流漩涡区，在尾流区两侧产生旋向相反且不断交替的漩涡，即卡门涡街。与 SL-6 型圆柱绕流体不同的是，圆柱绕流体的涡街频率 f 在雷诺数 Re 不变时它也不变；而非圆柱绕流体则不同，涡街的频率具有明显的随机性，即使 Re 不变频率 f 也随机变化。

绕流体后的卡门涡街会引起绕流体的振动，绕流体的振动问题有可能引起建筑物的破坏，该问题是工程上极为关心的问题。解决绕流体振动问题的主要措施有：改变水流的速度；或者改变绕流体的自振频率；或者改变绕流体的结构形式，以破坏涡街的固定频率，避免共振。

（2）机翼绕流。当水流通过机翼时，在机翼的凸面，流线较顺畅；在机翼的凹面，主流与壁面之间形成一回流区。在机翼的尾部发生边界层的分离，形成尾流区。对比正放、反放机翼绕流体的流动可见，当绕流体倒置时，在其尾部同样会出现卡门涡街。

6. SL-6 型流动显示仪

显示明渠逐渐扩散、单圆柱绕流、多圆柱绕流及直角弯道等流段的流动图像。圆柱绕流是该型演示仪的特征流谱。

在该流动装置上可以清楚地显示流体在驻点的停滞现象、边界层分离状况、卡门涡街的产生与发展过程以及多圆柱绕流时的流体混合、扩散、组合漩涡等流谱。

（1）驻点。观察流经圆柱前端驻点处的小气泡，可以看出，流动在驻点上明显停滞，可见驻点处的流速等于零，在此处，动能完全转换为压能。

(2)边界层分离。水流在驻点受阻后，被迫向两边流动，此时水流的流速逐渐增大，压强逐渐减小，当水流流经圆柱的轴线时，流速达到最大，压强达到最小；当水流继续向下游流动时，在靠近圆柱体尾部的边界上，水流开始与圆柱体分离，称为边界层的分离。边界层分离后，在分离区的下游形成回流区，称为尾涡区。尾涡区的长度和紊动强度与来流的雷诺数(Re)有关，雷诺数越大，紊动越强烈。

边界层分离常伴随着漩涡的产生，引起较大的能量损失，增加液流的阻力。边界层分离后还会产生局部低压，以至于有可能出现空化和空蚀破坏现象。因此边界层分离是一个很重要的现象。

(3)卡门涡街。边界层分离以后，如果雷诺数增加到某一数值，就不断交替的在两侧产生漩涡并流向下游，形成尾流中的两条涡列，一列中某一漩涡的中心恰好对着另外一列中两个漩涡之间的中点，尾流中这样的两列漩涡称作“涡街”，也叫冯・卡门(Von karman)“涡街”。漩涡的能量由于流体的黏性而逐渐消耗掉，因此在柱体后面一个相当长距离以后，漩涡就逐渐衰减而终于消失了。

对卡门涡街的研究，在工程中有着重要的意义。卡门涡街可以使柱体产生一定频率的横向振动。若该频率接近柱体的自振频率，就可能产生共振。例如在大风中电线发出的响声就是由于振动频率接近电线的自振频率，产生共振现象而发出的。潜艇在行进中，潜望镜会发生振动；高层建筑(高烟囱等)、悬索桥等在大风中会发生振动，其根源概出于卡门涡街。为此在设计中应该考虑这种现象的破坏性，采取措施加以消除或减小。

卡门涡街的频率与管流的流量有关。可以利用卡门涡街频率与流量之间的关系，制成涡街流量计。其方法是在管路中安装一漩涡发生器和检测元件，通过检测漩涡的信号频率，根据频率和流量的关系就可测出管道的流量。

(4)多圆柱绕流。被广泛用于热工传热系统的“冷凝器”及其他工业管道的热交换器等。流体流经圆柱时，边界层内的流体和柱体发生热交换，柱体后的漩涡则起混掺作用，然后流经下一柱体时，再交换、再混掺，换热效果较佳。另外，对于高层建筑群，也有类似的流动图像，即当高层建筑群承受大风袭击时，建筑物周围也出现复杂的风向和组合气旋，这应引起建筑师的注意。

7. SL－7 型流动显示仪

这是一只“双稳放大射流阀”的流谱。经喷嘴喷射出的射流(大信号)可附于两侧壁的任一侧面，即产生射流贴附现象。若先附于左壁，射流经左通道后，向右出口输出；旋转仪器表面控制圆盘，当左气道与圆盘气孔相通时(通大气)，射流获得左侧的控制流(小信号)，射流便切换至右壁，流体从左出口输出。这时再转动圆盘，切断气流，射流稳定于原通道不变。如果要使射流再切换回来，只要转动控制圆盘，使右气道与圆盘气孔相通即可。若圆盘两个气孔与两个气道都相通时，则射流在左右两侧形成对称射流。因此，该装置既是一个射流阀，又是一个双稳射流控制元件。只要给一个小信号(气流)，便能输出一个大信号(射流)。

根据射流附壁现象可以制作各种射流元件，并可把它们组成自动控制系统或自动监测系统。

应强调指出，上述各类仪器，其流道中的流动均为恒定流。因此，所显示的线既是流线，又是迹线。因为根据定义：流线是一瞬时的曲线，流线上任一点的切线方向与该点的流速方向相同；迹线是某一质点在某一时段内的运动轨迹线。

四、实验步骤

（1）通电检查。未加水前插上220V电源，顺时针打开无极调速开关旋钮，水泵启动，日光灯亮；继而顺时针转动旋钮，则水泵减速，日光灯不影响。最后逆时针转动旋钮复原至关机前临界位置，水泵转速最快。

（2）加水检查。拨开孔盖，用漏斗或虹吸法向水箱内加水。水可以是蒸馏水或冷开水，可使水质长期不变。其水量以水位升至窗口（左侧面）中间处为宜。并检查有无漏水，若有漏，应关机补漏后再重新启动。

（3）启动。打开旋钮，关闭掺气阀，在最大流速下使显示面两侧回水流道充满水。

（4）掺气量调节。旋转掺气调节阀可改变掺气量，注意有滞后性。调节阀应缓慢调节，使之达到最佳显示效果。掺气量不宜太大，否则会阻断水流或产生振动。

（5）根据本实验二的实验指导，依次观察SL－1～SL－7流动显示仪中水流在各种边界条件下的流动情况。

五、注意事项

（1）该水泵不能在低速下长时间工作，更不允许在通电情况下（日光灯亮）长时间处于停转状态，只有日光灯熄灭才是真正关机。

（2）更换日光灯时，须将后罩侧面螺丝旋下，取下后罩进行更换。

（3）操作中还应注意，开机后须停1～2 min，待流道气体排净后再实验。否则仪器将不再正常工作。

（4）利用该流动演示仪，还可说明均匀流、渐变流、急变流的流线特征。如直管段流线平行，为均匀流；文丘里的喉管段，流线的线大致平行，为渐变流；突缩、突扩处，流线夹角大或曲率大，为急变流。

六、思考题

（1）看到的水流流动线是流线还是迹线？

（2）分析比较均匀流和非均匀流、渐变流和急变流的流线特征。其各自是在怎样的边界条件下产生的？

实验三　能量方程验证实验

一、实验目的和要求

(1)观察水在管道内做恒定流动时,位置水头 z、压强水头 p/γ 和流速水头 $v^2/2g$ 的沿程变化规律,并进行讨论。

(2) 绘出测压管水头线和总水头线以及理想液体的总水头线,比较分析,加深对能量转换、能量守恒定律的理解。

(3) 建立沿程水头损失和局部水头损失的概念。

二、实验原理

根据能量守恒定律和能量转换原理验证能量方程。

水流运动遵循能量守恒及其转化规律,如图 3-1 所示。

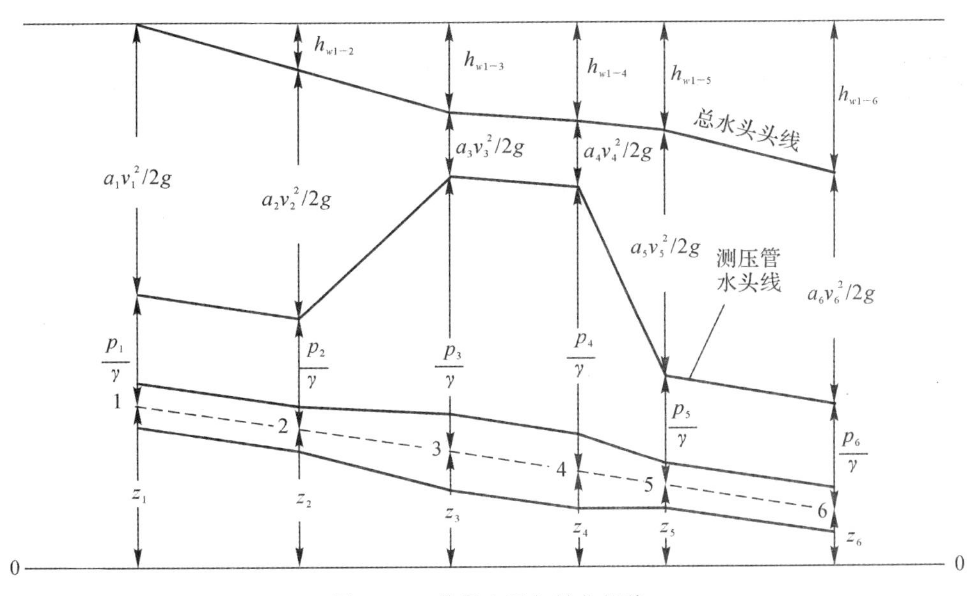

图 3-1　能量守恒与转化规律

能量方程的物理意义:水流具有三种形式的能量,即位能、压能和动能。理想液体在运动过程中,三种形式的能量可以互相转化,但是总的能量是守恒的。实际重力液体恒定总流的能量方程可写为

$$z_1+\frac{p_1}{\gamma}+\frac{\alpha_1 v_1^2}{2g}=z_2+\frac{p_2}{\gamma}+\frac{\alpha_2 v_2^2}{2g}+h_{w1-2} \qquad (3-1)$$

式中，各项的物理意义分别为单位重量液体的位能、压能和动能。量纲均与高度的量纲相同。所以，又称为水头。z 为位置水头，p/γ 为压强水头，$v^2/2g$ 为流速水头，三项之和称为过水断面的总水头。h_{w1-2} 为单位重量液体由断面 1—1 流到断面 2—2 克服阻力做功所损失的平均能量，通常称为水头损失。

利用图 3-1 所示的图形来描述水流的各种能量的转换规律，以及它们的几何表示方法。以水头为纵坐标，沿流程取过水断面，按一定的比例尺把各过水断面上的 $z,p/\gamma,v^2/2g$ 分别绘于图上，如图 3-1 所示。将各断面 $z+p/\gamma$ 值的点连接起来，就得到一条测压管水头线，将各断面总能量 $z+p/\gamma+\frac{v^2}{2g}$ 的点连接起来就得到一条总水头线，任意两个断面上的总水头线之高差即是这两个断面之间的水头损失。

能量方程表达了液流中机械能和其他形式的能量(主要是代表能量损失的热能)保持恒定的关系，总机械能在互相转化过程中，有一部分由于克服液流阻力转化为水头损失。机械能中势能和动能可以互相转化，互相消长，表现为动能增，势能减。如机械能中的动能不变，则位能和压能可以互相转化，互相消长，表现为位能减，压能增，或位能增，压能减。因此，能量方程的物理意义是总流各过水断面上单位重量液体所具有的势能平均值与动能平均值之和，即总机械能之平均值沿流程减小，部分机械能转化为热能而损失；同时，亦表示了各项能量之间可以相互转化的关系。其几何意义是：总流各过水断面上平均总水头沿流程下降，所下降的高度即为平均水头损失，同时，亦表示了各项水头之间可以互相转化的关系。平均总水头线沿流程下降，平均测压管水头线沿流程可以上升，也可以下降。

三、实验设备和仪器

实验设备由供水箱、水泵、稳水箱、溢流管、实验管段、测压排、接水盒、回水系统组成。流量测量用体积法或重量法，其布置如图 3-2 所示。

四、实验方法与步骤

(1)测量并记录管道各变化部位的有关参数，如管径、管长。

(2)打开水泵和上水阀门，使水流充满稳水箱并保持溢流状态。

(3)打开实验管道的进水阀门和出水阀门，使水流流过实验管道，待管道出水阀门出流后，关闭出水阀门，排去实验管道和各测压管内的空气，并检验空气是否排完。检验的方法是出水阀门关闭时，各测压管液面为一水平线。

(4)空气排完后，打开管道出水阀门并调节流量，使测压管水头线在适当位置，待水流稳定后，测量各断面测压管水头和总水头，用体积法或重量法测出流量。

(5)改变流量，重复一次实验。

(6)用实测的水头验证能量方程。

(7)实验完毕后将仪器恢复原状。

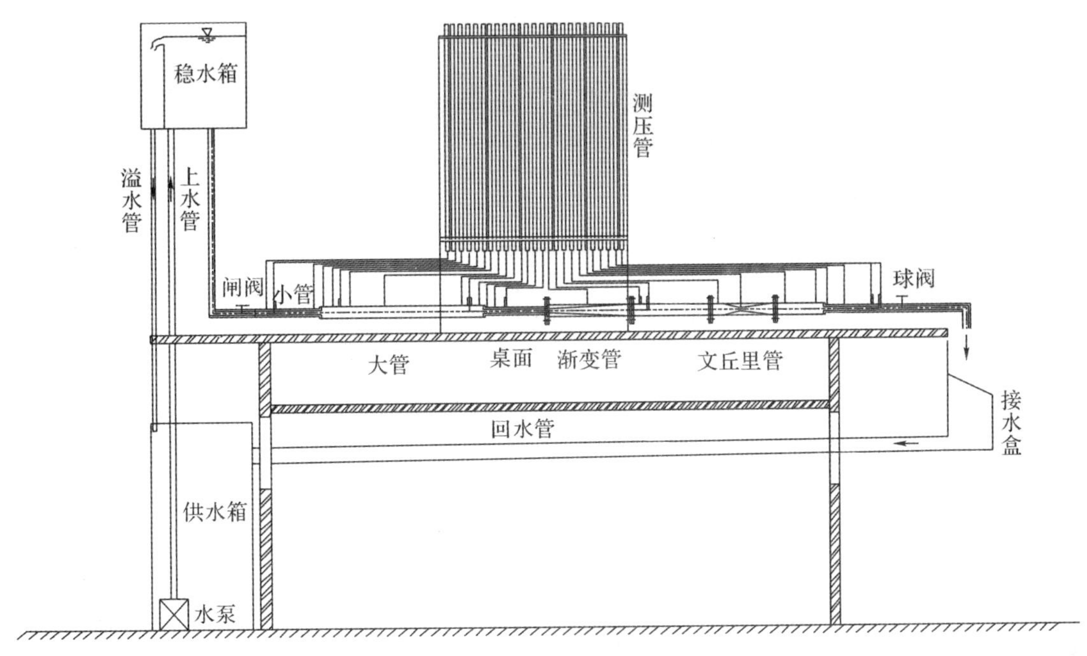

图 3-2　能量方程实验装置

五、数据处理与成果分析

实验设备名称：________________　仪器编号：________________

同组学生姓名：________________________________

1. 实验数据记录及计算成果

测管编号	流量 Q cm^3/s	管径 d cm	面积 A cm^2	$z+p/\gamma$ cm	流速 v cm/s	$v^2/2g$ cm	总水头 H cm	水头损失 h_w cm

续　表

测管编号	流量 Q / cm^3/s	管径 d / cm	面积 A / cm^2	$z+p/\gamma$ / cm	流速 v / cm/s	$v^2/2g$ / cm	总水头 H / cm	水头损失 h_w / cm

指导教师签名：　　　　　　　　　　　　实验日期：

2. 实验成果分析

(1)根据实测的各点测压管水头和总水头，点绘测压管水头线和总水头线。

(2)根据实测流量和各测量断面的管径，计算出各测量断面的流速水头和总水头，并同实测的总水头进行比较。

(3)在同一张图上点绘出液体的总水头线，求出各管段的水头损失。

六、注意事项

测量数据前一定要将管道和测压管内的气体排出。

七、思考题

(1)简述能量方程应用条件和注意事项。

(2)测压管测量的是绝对压强还是相对压强?

(3)沿流程测压管水头线可以降低也可以升高，总水头线也可以沿流程升高吗?

(4)试述能量方程的物理意义和几何意义。

实验四　能量方程应用实验

4.1　文丘里流量系数测定

一、实验目的和要求

(1)了解文丘里流量计的构造、测流原理及使用方法。

(2)掌握文丘里流量计流量系数的测定方法。

(3)点绘流量系数与实测流量以及流量与压差的关系曲线,计算出流量系数的平均值。

二、文丘里流量计测流原理

文丘里(Venturi)流量计是一种测量有压管道中流量大小的装置,它由两段锥形管和一段较细的管子相连接而组成(见图 4-1),前面部分称为收缩段,中间为喉管(管径不变段),后面部分为扩散段。若欲测量某管道中通过流量,则把文丘里流量计连接在管道中,在收缩段进口与喉管处分别安装测压管(也可直接设置差压计),用以测量该两断面上的测压管水头差 Δh。当已知测压管水头差 Δh 时,利用能量方程即可计算出通过管道的流量,下面分析其测流原理。

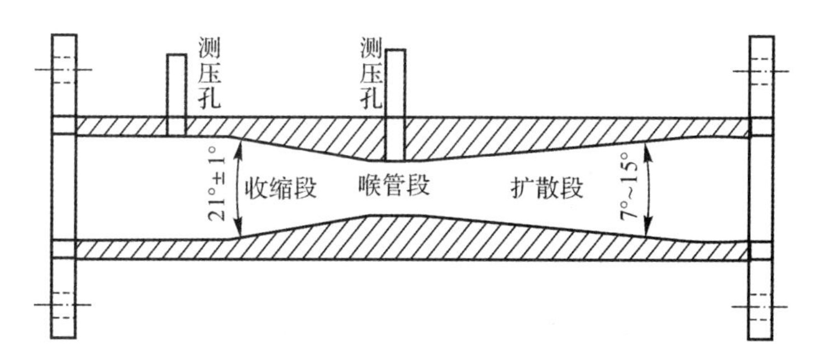

图 4-1　文丘里流量计构造图

图 4-2 所示为文丘里流量计理论分析简图。以 0—0 为基准面,暂不考虑能量损失,取 1—1 断面和 2—2 断面列能量方程为

$$z_1+\frac{p_1}{\gamma}+\frac{\alpha_1 v_1^2}{2g}=z_2+\frac{p_2}{\gamma}+\frac{\alpha_2 v_2^2}{2g} \tag{4-1}$$

由式(4-1)得

$$\frac{\alpha_2 v_2^2}{2g}-\frac{\alpha_1 v_1^2}{2g}=\left(z_1+\frac{p_1}{\gamma}\right)-(z_2+\frac{p_2}{\gamma})=\Delta h \tag{4-2}$$

式中，z_1，z_2，p_1/γ，p_2/γ，$\alpha_1 v_1^2/2g$，$\alpha_2 v_2^2/2g$ 分别为 1—1 断面和 2—2 断面的位置水头、压强水头和流速水头；Δh 为 1—1 断面和 2—2 断面的测压管水头差。

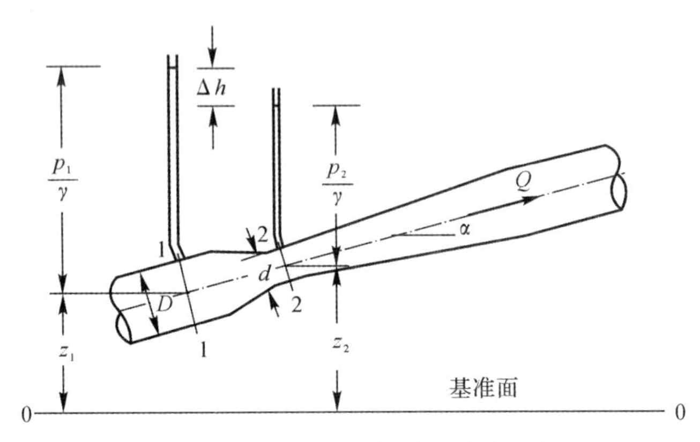

图 4-2　文丘里流量计理论分析简图

由连续方程可得

$$v_1=\frac{A_2}{A_1}v_2=\left(\frac{d}{D}\right)^2 v_2 \tag{4-3}$$

式中，A_1，A_2 分别为管道和文丘里流量计喉管断面的面积；d，D 分别为文丘里流量计喉管和管道断面的直径。

将式(4-3)代入式(4-2)可得

$$v_2=\sqrt{\frac{2g\Delta h}{1-(d/D)^4}} \tag{4-4}$$

通过文丘里流量计的流量为

$$Q=v_2 A_2=\frac{\pi d^2}{4}\sqrt{\frac{2g\Delta h}{1-(d/D)^4}} \tag{4-5}$$

式(4-5)即为文丘里流量计不考虑水头损失时的流量公式。令

$$K=\frac{\pi d^2}{4}\sqrt{\frac{2g}{1-(d/D)^4}} \tag{4-6}$$

则

$$Q_{理}=K\sqrt{\Delta h} \tag{4-7}$$

管道直径 d 和 D 确定以后，K 值为一定值，可以预先计算。只要测得管道断面与喉管断面的测压管液面高差 Δh，就可以根据式(4-7)计算出管道流量值。

对于水银差压计，式(4-7)可写为

$$Q_{理}=K\sqrt{12.6\Delta h} \tag{4-8}$$

对于实际液体，考虑水头损失的实际流量 Q 比式(4-7)计算流量小，这个误差一般用修正系数 μ(称为文丘里流量系数)来修正，故实际液体的流量为

$$Q_{实}=\mu K\sqrt{\Delta h} \tag{4-9}$$

对于水银差压计，有

$$Q_{实} = \mu K \sqrt{12.6\Delta h} \tag{4-10}$$

式中，μ 为文丘里流量计的流量系数。由式(4－7) 和式(4－9) 可以看出

$$\mu = \frac{Q_{实}}{Q_{理}} \tag{4-11}$$

实验表明，μ 是 $Re = v_0 D/v$ 的函数，在 $Re < 2 \times 10^5$ 以前，流量系数随 Re 的增大而增大，在 $Re > 2 \times 10^5$ 以后，流量系数基本为一常数。一般认为，流量系数为 0.95 ～ 0.98。

三、测定文丘里流量系数的设备和仪器

实验设备为自循环实验系统，包括水泵、供水箱、调节阀、压力管道、文丘里管、接水盒和回水管。测量仪器为两种：一种是传统的量测方法，仪器为量筒、测压计、钢尺和秒表；另一种为自动量测方法，仪器由导水抽屉、盛水容器、限位开关、差压传感器、称重传感器、排水泵及差压流量测量仪组成。差压流量测量仪可显示重量、时间、差压。实验的设备仪器如图 4－3 所示。

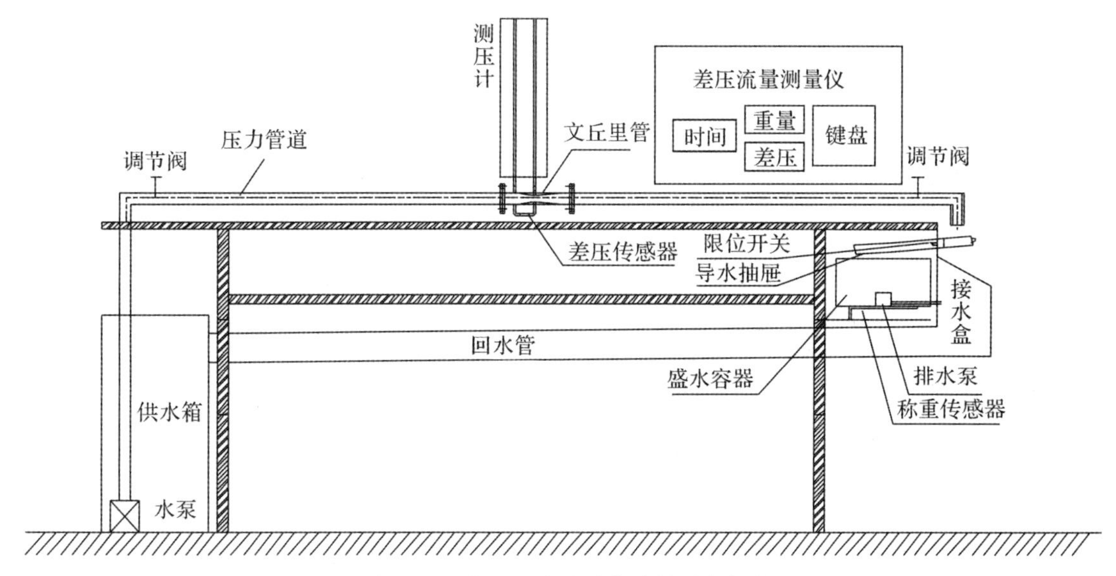

图 4－3　文丘里流量计实验的设备仪器

四、实验方法和步骤

(1) 记录有关常数 d 和 D，并计算出 K 值。

(2) 打开差压流量测量仪电源，将仪器预热 15 min。

(3) 打开供水泵，打开实验管道上的调节阀门，使水流通过文丘里管。

(4) 关闭出水调节阀门，打开测压排上的止水夹，将测压管中的空气排出。并检验空气是否排完，检验的方法是管道不过流时两根测压管的水面应齐平。

(5) 打开出水阀门，观察测压管或差压流量测量仪面板显示的压差值为适当数值。

(6) 待水流稳定后测量差压和流量。如用传统方法测量，可用量筒和秒表测量流量，测量两根测压管读数 h_1 和 h_2，两根测压管的高度差为 $\Delta h = h_1 - h_2$。如用电测方法测量，将导水抽屉拉出开始测量，这时测量仪显示重量、时间和差压的瞬时变化值。

(7) 将导水抽屉推进，本次测量结束，测量仪上显示本次测量的水的净重、测量时间和差压 Δh 值。将本次测量结果记录在相应的表格中。

(8) 打开排水泵，将盛水容器中的水排出。待容器中的水排完或排放停止后即可开始第二次测量。

(9) 调节出水阀门，重复第(6) 步至第(8) 步 N 次。

(10) 实验结束后将仪器恢复原状。

五、数据处理和成果分析

实验设备名称：__________________ 仪器编号：_______________

同组学生姓名：____

已知数据：文丘里流量计喉管直径 d =_______ cm；

管道直径 D=____ cm；系数 K=______ $cm^{5/2}/s$。

1. 实验数据及计算成果

测次	$\frac{h_1}{cm}$	$\frac{h_2}{cm}$	$\frac{差压\ \Delta h}{cm}$	$\frac{体积}{cm^3}$	$\frac{时间}{s}$	$\frac{Q_{实}}{cm^3/s}$	$\frac{Q_{理}=K\sqrt{\Delta h}}{cm^3/s}$	$\mu=\frac{Q_{实}}{Q_{理}}$

指导教师签名： 实验日期：

2. 实验成果分析

(1)将实测压差值代入式(4-7)即得理论流量。

(2)用实测的水的净体积除以测量时间即为实测流量。

(3)流量系数用式(4-11)计算。

(4)绘制 $\mu-Q_{实}$ 和 $Q_{实}-\Delta h$ 的关系曲线。

六、注意事项

(1)每次改变流量应待水流稳定后方能测读数据，否则影响测量精度。

(2)每次实验前要检查称重容器中的水是否排出或排放是否停止，如水未排出或排放未停止，要等待排放停止后再进行下一次测量。

七、思考题

(1)如果文丘里流量计没有水平放置，对测量结果有无影响？
(2)如何确定文丘里流量计的水头损失？
(3)通过实验说明文丘里流量计的流量系数随流量有什么变化规律？

4.2　孔口和管嘴出流流量系数测定

孔口、管嘴是工程中常遇到的实际问题，如流体流过储水池、水箱等容器侧壁的孔口等都是流体出流问题，这些问题都可以用流体运动的基本定律来解决。孔口、管嘴出流实验主要是研究流体出流的基本特征，确定出流流速、流量和影响它们的因素。

根据孔口结构和出流的条件，可以分为以下几种出流。

(1)从出流的下游条件看，可分为自由出流和淹没出流。出流水股流入大气中称自由出流，下游水面淹没出口的称淹没出流。

(2)从出流速度的均匀性看，可分为小孔口出流和大孔口出流，即孔口各点流速可认为是常数时称小孔口出流，否则称为大孔口出流。一般认为 $d < \frac{1}{10}H$ 时称为小孔径，$d > \frac{1}{10}H$ 时称为大孔口。

(3) 若孔口壁较厚或在孔口上加一段短管，当孔壁厚度 δ 和短管长度 L 相当于孔口直径 d 的 3 ～ 4 倍时，就叫作管嘴。流体流经管嘴出流，与薄壁孔口相比，管嘴的阻力增加了，流速系数由薄壁孔口的 0.98 降为 0.82，但流量反而增大了，主要是由于射流扩散附壁，出流断面充满液体，使收缩断面产生真空所致。

一、实验目的和要求

(1) 观察孔口、管嘴出流现象。
(2) 测定孔口出流收缩系数、流量系数。
(3) 测定管嘴出流的真空压强、流量系数。
(4) 应用液体运动的基本方程来推导孔口、管嘴出流的流量计算公式。

二、实验原理

1. 恒定流圆形薄壁小孔口出流

在水箱侧壁上开一个圆形薄壁小孔口，如图 4 - 4 所示，液体在水头 H 作用下流过孔口时只有局部阻力，没有沿程阻力。由于 $d \leqslant 0.1H$，所以，可以认为孔口上下顶点的深度 H_1 与 H_2 相差不多，并都认为等于中心点的水深 H。因而，在孔口断面上各点的流速是相等的。水箱中水流从各个方向趋进孔口，由于水流运动的惯性，流线只能以光滑的曲线逐渐弯曲，因此在孔口断面上流线互不平行，而使水流在出口后继续形成收缩，直到距孔口约为$\frac{1}{2}d$ 处收缩完毕，流线在此趋于平行，这一断面称为收缩断面。

设收缩断面 $C—C$ 处的过水断面面积为 A_C，孔口的面积为 A，则两者的比值反映了水流经过孔口后的收缩程度，称为收缩系数，以符号 ε 表示，即孔口断面收缩系数 $\varepsilon=\dfrac{A_C}{A}$。

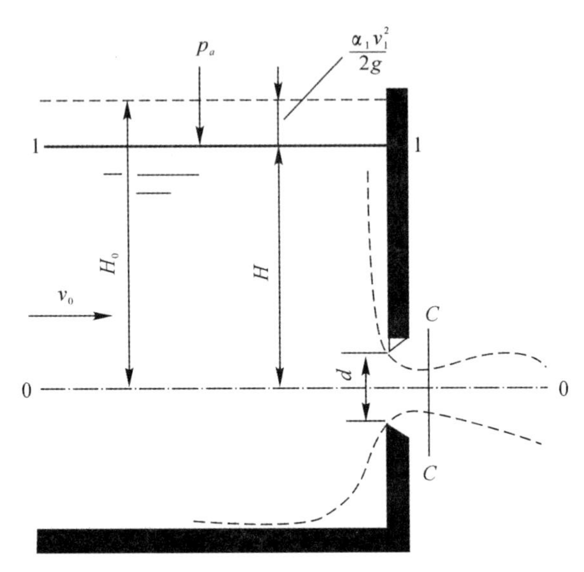

图 4-4　孔口自由出流

取通过孔口中心线的水平面为基准面，列出 1—1 及 $C—C$ 断面的能量方程为

$$H+\frac{p_a}{\gamma}+\frac{\alpha_1 v_1^2}{2g}=\frac{p_c}{\gamma}+\frac{\alpha_c v_c^2}{2g}+h_j \tag{4-12}$$

或

$$H+\frac{\alpha_1 v_1^2}{2g}=\frac{\alpha_c v_c^2}{2g}+h_j \tag{4-13}$$

令

$$H+\frac{\alpha_1 v_1^2}{2g}=H_0$$

$$h_j=\zeta_{孔}\frac{v_c^2}{2g}$$

代入式(4-13)，则有

$$H_0=\frac{\alpha_c v_c^2}{2g}+\xi_{孔}\frac{v_c^2}{2g}=(\alpha_c+\xi_{孔})\frac{v_c^2}{2g} \tag{4-14}$$

由式(4-14)，解得

$$v_c=\frac{\sqrt{2gH_0}}{\sqrt{\alpha_c+\xi_{孔}}}=\varphi\sqrt{2gH_0} \tag{4-15}$$

令

$$\varphi=\frac{1}{\sqrt{\alpha_c+\xi_{孔}}}\cong\frac{1}{\sqrt{1+\xi_{孔}}} \tag{4-16}$$

式中，φ 为流速系数，据连续方程，则有

$$Q=v_c A_c=\varphi\varepsilon A\sqrt{2gH_0}=\mu A\sqrt{2gH_0} \tag{4-17}$$

其中，$\mu=\varepsilon\cdot\varphi$，$\mu$ 为孔口出流的流量系数。

如果水箱中液体行近流速 v_1 忽略不计，即 $v_1 \approx 0$，则有 $H_0 = H$，可得

$$v_c = \varphi \sqrt{2gH} \tag{4-18}$$

$$Q = \mu A \sqrt{2gH} \tag{4-19}$$

式(4-15)和式(4-16)即为小孔口出流速度与流量计算公式。

由实验求得 $\varphi = 0.97 \sim 0.98$，则

$$\xi_{孔} = \frac{1}{\varphi^2} - 1 = 0.06 \text{（对应于 } v_c \text{ 流速水头）}$$

当小孔口边缘距水箱（容器）各壁面距离 $L > 3d$ 时，孔口出流收缩完善，这时

$$\varepsilon = 0.60 \sim 0.64$$

$$\mu = \varepsilon\varphi = (0.60 \sim 0.64) \times 0.97 = 0.581 \sim 0.621$$

实验值为

$$\mu = \frac{Q_{实}}{Q_{计}} = 0.62$$

2. 恒定流圆柱形外管嘴出流

为保证形成管嘴出流，管嘴长度 $L = (3 \sim 4)d$，管嘴出流情况如图4-5所示。如同孔口出流一样，当流体从各方向汇集并流入管嘴以后，由于惯性作用，流股也要发生收缩，从而形成收缩断面 $C—C$。在收缩断面流体与管壁脱离，并伴有旋涡产生，然后流体逐渐扩散充满整个断面满管流出。由于收缩断面是封闭在管嘴内部（这一点和孔口出流完全不同），会产生负压，出现管嘴出流时的真空现象。

管嘴出流收缩断面 $C—C$ 在管嘴内部，出口断面的水流不发生收缩，故 $\varepsilon = 1$。管嘴出流阻力比孔口阻力大，除有和孔口一样的孔口阻力外，尚有扩大局部阻力和沿程损失。

以通过管嘴中心的水平面为基准面，列出水箱水面 $A—A$ 和管嘴出口 $B—B$ 断面的能量方程式，可得

$$H + \frac{\alpha_1 v_1^2}{2g} = \frac{\alpha_2 v_2^2}{2g} + \sum \xi \frac{v_2^2}{2g} \tag{4-20}$$

忽略行近流速水头，则有

$$v_2 = \frac{\sqrt{2gH}}{\sqrt{\alpha_2 + \sum \xi}} = \varphi \sqrt{2gH} \tag{4-21}$$

$$Q = Av_2 = A\varphi \sqrt{2gH} = \mu A \sqrt{2gH} \tag{4-22}$$

式中，$\varphi = \dfrac{1}{\sqrt{\alpha_2 + \sum \xi}}$ 为流速系数，A 为管嘴断面面积，$\mu = \varepsilon \cdot \varphi$ 为流量系数。因为管嘴 $\varepsilon = 1$，所以有 $\mu = \varphi$。

对比式(4-19)与式(4-22)，可以发现，管嘴出流流量计算公式和孔口出流一样，仅系数大小不同。

流速系数 φ 和流量系数 μ 值的计算，对于管嘴出流，总的水头损失为

$$\left.\begin{aligned} h_w &= \sum \xi \frac{v_2^2}{2g} \\ \sum \xi &= \xi_{孔}' + \xi_{扩} + \lambda \frac{L}{d} \end{aligned}\right\} \tag{4-23}$$

式中,所有阻力系数都是对管嘴出口断面上流速水头而言的,即

$$\xi_{孔}'=\xi_{孔}\left(\frac{V_c}{V_2}\right)^2=\xi_{孔}\left(\frac{A}{A_c}\right)^2=\xi_{孔}\left(\frac{1}{\varepsilon}\right)^2=$$

$$0.06\times\left(\frac{1}{0.62}\right)^2=0.15$$

$$h_{真空}=7$$

如果取 $\lambda=0.02, L=3d$,则

$$\lambda\frac{L}{d}=0.02\times 3=0.06$$

将这些值代入式(4-23),可得

$$\sum\xi=0.15+0.32+0.06=0.53$$

取 $\alpha_2=1$,则有

$$\varphi=\frac{1}{\sqrt{\alpha_2+\sum\xi}}=\frac{1}{\sqrt{1+0.53}}=0.82$$

$$\mu=\varphi=0.82$$

实验值为

$$\mu=\frac{Q_{实}}{Q_{计}}=0.82$$

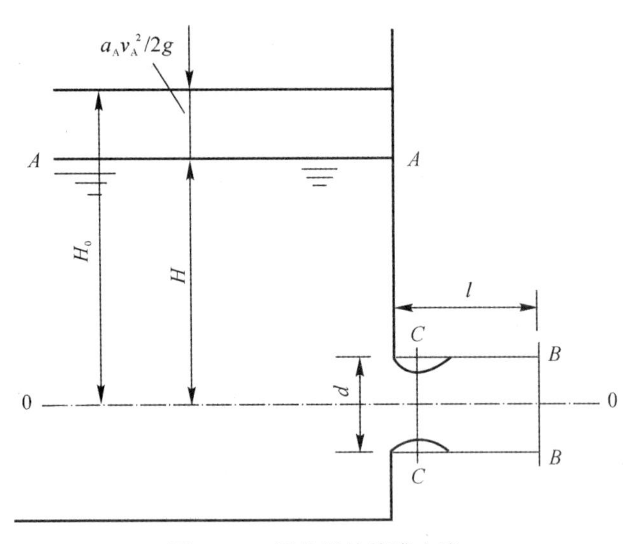

图 4-5　圆柱形外管嘴出流

三、实验设备和仪器

孔口及管嘴水箱 1 套,量筒 1 个,秒表 1 只,游标卡尺 1 个。

四、实验步骤

(1) 打开进水阀门,调节水箱水位保持某一高度,使之产生孔口或管嘴出流。

(2) 量测水头 H(孔口和管嘴中心线上的水深)。

(3) 用游标卡尺量测孔口出流收缩断面直径 d(量测两个成正交的直径,取其平均值)。

(4) 用体积法量测流量 Q。

(5) 将所量测数据记入表内。

(6) 改变水箱水位,重量 3 ～ 4 次。

(7) 实验完毕将仪器恢复原状。

五、数据处理和成果分析

实验设备名称:____________________　　仪器编号:________________

同组学生姓名:____

已知数据:孔口直径 $d_{孔}$ =　　　cm;孔口面积 =　　　cm^2;

　　　　管嘴直径 $d_{嘴}$ =　　　cm;管嘴面积 =　　　cm^2。

1. 实验数据及计算成果

测次	孔口或管嘴直径	面积 A	H / cm	收缩断面直径 d	收缩系数	体积 / cm^3	时间 / s	$Q_{实}$ / cm^3/s	$Q_{计}$ / cm^3/s	$\mu_{孔}$	
1											孔口
2											
3											
1											管嘴
2											
3											

实验日期:　　　　　　　　　学生签名:　　　　　　　　　指导教师签名:

2. 实验成果分析

(1) 将实测数据代入式(4－19)或式(4－22)即得计算流量。

(2) 用实测的水的体积除以测量时间即为实测流量。

(3) 流量系数用式(4－11)计算。

(4) 绘制孔口和管嘴流量系数与水头的关系曲线。

六、注意事项

(1) 管嘴与孔口出流区别是出口断面满管出流,管嘴内形成真空。实验时注意操作,勿使管嘴内形成孔口出流。

(2) 量测数据时水箱水面一定要保持稳定。

七、思考题

(1) 管嘴出流阻力比孔口阻力大，但是当 H 和 A 相同时，通过的流量比孔口还大，请解释这一现象的物理原因。

(2) 对水来说，防止接近汽化压力而允许真空压强 $h_{真空} = 7$ m 水柱，要保证不破坏管嘴正常水流，最大限制水头 H 应为多少？

(3) 为什么取管嘴长度 $L = (3 \sim 4)d$？

实验五　雷诺实验

一、实验目的和要求

（1）观察水流层流和紊流运动现象。

（2）学习测量圆管中雷诺数的方法。

（3）在双对数纸上点绘沿程水头损失 h_f 与雷诺数 Re 的关系曲线，求出下临界 Re。

（4）对实验结果进行分析，验证层流和紊流两种流动形态下沿程水头损失随流速变化规律的不同。

二、实验原理

实际水流运动中存在着两种不同的流动形态：层流和紊流。当流速较小时，质点运动惯性较小，黏滞力起主导作用，液体的质点有条不紊地按平行的轨迹运动，并保持一定的相对位置，这种流动形态叫作层流。当流速较大时，和惯性力相比较，黏滞力居次要地位，惯性力起主导作用，液体的质点将是杂乱无章的运动，质点互相碰撞、混掺，产生漩涡等，这种流动形态叫紊流。介于两者之间的是过渡状态流动，如图 5－1 所示。

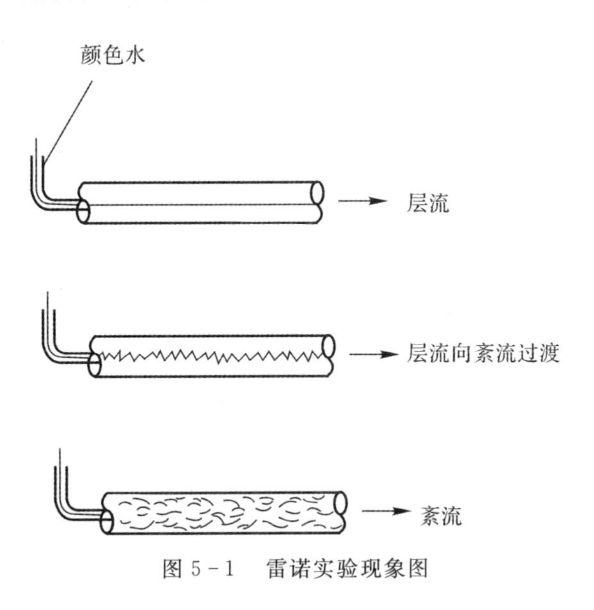

图 5－1　雷诺实验现象图

1885 年，雷诺曾用实验揭示了实际液体运动中层流和紊流的不同本质。雷诺实验还证实了层流和紊流沿程水头损失规律的不同，如图 5－2 所示。由图 5－2 可见，层流时，水头损失与流速的一次方成比例;紊流时,h_f 与 v^n 方成比例,指数 $n=1.75\sim 2$。对光滑管 $n=1.75$,对粗糙管 $n=2$。由此可见,要确定水头损失必须先确定流动形态。

在实验圆管上取1—1及2—2断面,安装上测压管,如图5-3所示,即可测出这两个断面间的沿程水头损失。据能量方程,可得

$$Z_1+\frac{P_1}{\gamma}+\frac{\alpha_1 v_1^2}{2g}=Z_2+\frac{P_2}{\gamma}+\frac{\alpha_2 v_2^2}{2g}+h_f \tag{5-1}$$

式中:$v_1=v_2$,取 $\alpha_1=\alpha_2$,则

$$h_f=\left(z_1+\frac{p_1}{\gamma}\right)-\left(z_2+\frac{p_2}{\gamma}\right) \tag{5-2}$$

由式(5-2)可以看出,1—1断面和2—2断面两根测压管的水头差即为沿程水头损失。

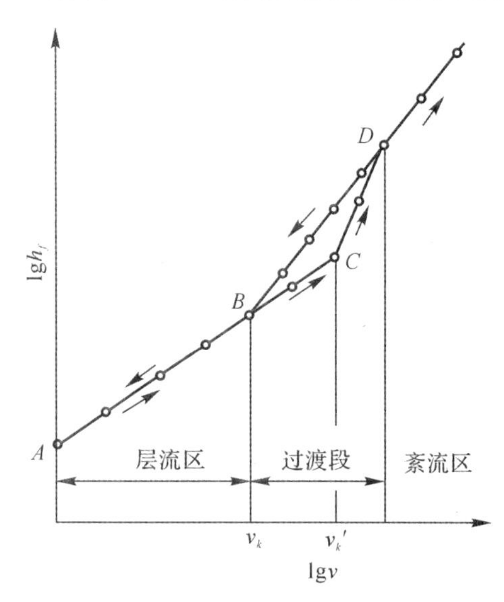

图5-2　雷诺实验 h_f 与 v 关系曲线图

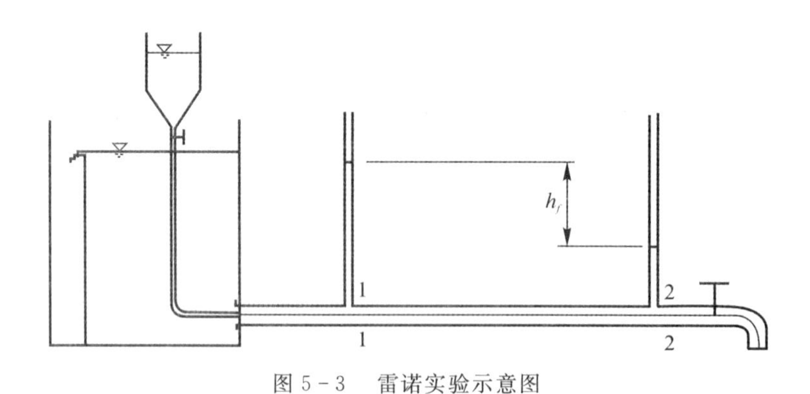

图5-3　雷诺实验示意图

由于流动形态不同,水头损失的变化规律也不同,所以在计算水头损失时,必须判别液流的形态。

雷诺实验结果,发现临界流速与液体的物理性质(密度 ρ、动力黏滞系数 μ)及管径 d 有密切关系,提出一个表征流动形态的无量纲数—— Re,即

$$Re=\frac{\rho vd}{\mu}=\frac{vd}{\nu} \tag{5-3}$$

式中，Re 是一个无量纲数；ρ 为液体的密度；μ 为动力黏滞系数；v 为断面平均流速；ν 为运动黏滞系数，有

$$\nu=\frac{0.01775}{1+0.0337t+0.000221t^2}(\mathrm{cm^2/s})$$

式中，t 为水温(℃)。

液流形态开始转变时的 Re 叫作临界雷诺数。但实际由层流向紊流过渡和由紊流向层流过渡时的 Re 是不同的，如图 5-2 所示。前者称为上临界雷诺数，后者称为下临界雷诺数。

大量的实验证明，圆管中液流的下临界雷诺数是一个比较稳定的数值，即

$$Re_K=\frac{v_K d}{\nu}\approx 2\,000 \tag{5-4}$$

上临界雷诺数 $Re_K'=12\,000\sim 20\,000$，或可更大，变化范围大，数值不稳定。因此，把 Re_K 作为判别液流形态的标准。当实际水流的 $Re>Re_K$ 时就是紊流，$RE<Re_K$ 时就是层流。对明渠水流，$Re=\frac{vd}{\nu}$，$Re_K\approx 500$。

三、雷诺实验的仪器设备

实验装置如图 5-4 所示。实验设备为自循环实验系统，包括水泵、供水箱、稳水箱等直径的压力管道、调节阀、接水盒、回水管、量筒、测压计、钢尺和秒表。用有色液体通过针管流入管道来显示流动形态。

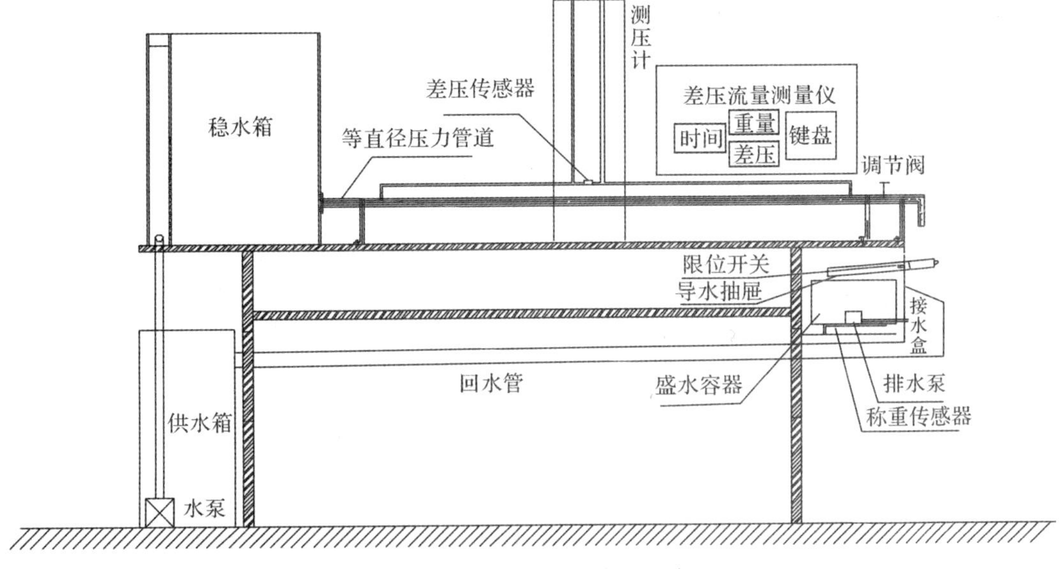

图 5-4　雷诺实验的仪器设备

四、实验方法和步骤

(1) 记录管道直径 d。

(2) 打开供水阀，使水箱充满水，并保持稳定的水位(使箱内有少量水溢出)。

(3) 关闭调节阀，检查两个测压管水面是否在同一水平面上，如果不平，可能测压管内有气泡，应将气泡排尽，然后再开调节阀。

(4) 打开调节阀，使管道通过较大流量，呈紊流形态，然后稍打开螺丝止水夹子，放入红色液体，观察水流运动状况，目测判断管中液流形态，同时用量筒、秒表测量流量，读出压差计压差(或两断面测压管液面差) 并测量水温，记入实验数据表内。

(5) 逐步将调节阀关小，减小流速，观察流动形态，重复上述实验步骤 8～10 次(层流段多测一些点)。

(6) 用测得的水温，在附表 4-2 中查得水的运动黏滞系数 v。

(7) 计算出 Re，绘出 $\dfrac{\Delta P}{\gamma}-Re$ 关系曲线，确定 Re_K 。

(8)实验结束后将仪器恢复原状。

五、数据处理和成果分析

实验设备名称：____________________ 仪器编号：________________

同组学生姓名：____

已知数据：管道直径 $d=$ cm；管道断面面积 $A=$ cm^2；水温 $t=$ ℃；

斜比压计夹角 $\alpha=$ °；水的运动黏滞系数 $\nu=$ cm^2/s。

1. 实验数据及计算成果

测次	L_1/cm	L_2/cm	差压 Δh/cm	体积/cm^3	时间/s	$Q_{实}$/(cm^3/s)	流速 v/(cm/s)	雷诺数 Re

指导教师签名： 实验日期：

2. 实验成果分析

(1)点绘 h_f 与 Re 的关系曲线,求出下 Re_K 。

(2)根据实验成果,分析层流和紊流时沿程水头损失随流速的变化规律。

六、注意事项

(1)在测量过程中,一定要保持水箱内的水位恒定。每变动一次出水阀门,须待水头稳定后再量测流量和水头损失。

(2)出水阀门必须从大到小逐渐关闭。

(3)在流动形态转变点附近,流量变化的间隔要小些,使测点多些以便准确测定下临界雷诺数。

(4)在层流区,由于压差小、流量小,所以在测量时要耐心、细致地多测几次。

七、思考题

(1)为什么实验时水箱水位要保持恒定?

(2)影响 Re 的因素有哪些?

(3)在圆管中流动,水和油两种流体的 Re_K 相同吗?

(4)讨论层流和紊流有什么工程意义?天然河道水流属于什么形态?

实验六　管道沿程阻力系数测定实验

一、实验目的和要求

(1)测量管道沿程阻力系数。

(2)通过实验进一步了解影响沿程阻力系数的因素,在进行管路计算时能比较合理地选择阻力系数。

(3)根据实验数据在对数纸上绘制沿程阻力系数与 Re 的关系曲线,并与莫迪图作比较。分析实验曲线在哪些区域。

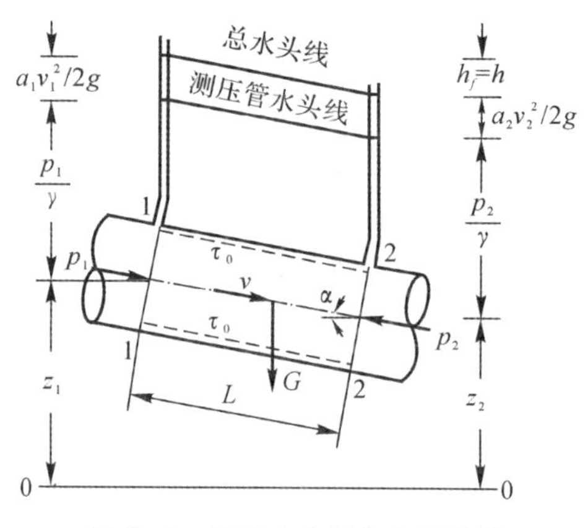

图 6-1　沿程水头损失分析简图

二、实验原理

在雷诺实验里,学习到水流有两种形态——层流和紊流,以及层流和紊流沿程水头损失与流速之间的关系。在这个实验里,解释水头损失的物理意义及分类。

1. 水头损失的原因及分类

理想液体运动过程中没有能量损失是因为假定它不具有黏滞性。而实际液体都是有黏滞性的,在流动过程中与边界接触的质点黏附在固体表面上,流速为零,离边界远的点流速较大,表现在接触面法线上有一个速度差,即流层与流层之间相对运动。由于黏滞性作用,流层之间就有内摩擦切应力产生,流体流动克服这种摩擦阻力做功所消耗的部分机械能就叫作能量损失,即水头损失。

如图 6-1 所示在沿流程过水断面形状和尺寸都不变的直的流道中,单位质量的液体从一个断面流到另一个断面所损失的能量，叫作这两个断面间的水头损失，这种水头损失沿流程在单位长度上的损失率相同，所以称为沿程水头损失，常用 h_f 表示。由于过水断面改变(突然扩大或缩小等)，或流道上有障碍物，液体通过这些局部区段，水流内部结构发生变化产生的能量损失叫局部水头损失。由上述可知，产生水头损失必须具备两个条件：①液体具有黏滞性；②由于固体边壁的影响，液体内部质点间产生相对运动。

2. 沿程水头损失计算

对实验管路 1—1，2—2 两个断面列出能量方程，有

$$Z_1+\frac{p_1}{\gamma}+\frac{\alpha_1 v_1^2}{2g}=Z_2+\frac{p_2}{\gamma}+\frac{\alpha_2 v_2^2}{2g}+h_f \tag{6-1}$$

式中

$$Z_1=Z_2,\quad \frac{\alpha_1 v_1^2}{2g}=\frac{\alpha_2 v_2^2}{2g}$$

故得

$$h_f=\frac{p_1-p_2}{\gamma}=\frac{\Delta p}{\gamma}=12.6h \tag{6-2}$$

即两个断面间沿程水头损失等于两个断面的压强水头差。

达西-魏斯巴赫(Darcy - Wisbach) 公式：

$$h_f=\lambda\frac{L}{d}\frac{v^2}{2g} \tag{6-3}$$

或

$$\lambda=\frac{h_f}{\frac{L}{d}\frac{v^2}{2g}} \tag{6-4}$$

式中，λ 为沿程阻力系数，是一个无量纲数；h_f 为沿程水头损失；d 为管道直径；L 为实验管段长度；v 为管道断面平均流速；g 为重力加速度。

Re 由下式计算，即

$$Re=\frac{vd}{\nu} \tag{6-5}$$

式中，ν 为液体运动黏滞系数(cm^2/s)。

对于实验管道，d，L 的数值是已知的。由实验测出断面1—1，2—2的压强水头差(即 h_f)和流量 Q，并且计算出平均流速 v，将以上诸值代入式(6-4)即可计算出 λ 值。测量水的温度查附录4可得 ν 值，利用式(6-5)计算出雷诺数。改变流量，测得若干组次的 λ 和 Re 值后，即可绘出 $\lg\lambda-\lg Re$ 关系曲线，由实验曲线可以看到管流中存在着三种不同的流动形态区域：层流、过渡流和紊流。

图 6-2 是沿程阻力系数与雷诺数和相对粗糙度之间的关系曲线，此图称为莫迪图，是1944年由莫迪绘制的。从图中可以看出，沿程阻力系数 λ 是雷诺数 Re 和相对粗糙度 Δ/d 的函数，即 $\lambda=f(Re,\Delta/d)$。在层流区，λ 只与雷诺数 Re 有关，即 $\lambda=f(Re)$，理论分析得出，$\lambda=64/Re$；在紊流光滑区，沿程阻力系数也只与雷诺数有关，粗糙度不起作用，普朗特得出光滑区阻力系数的表达式为 $[2.0\lg(Re\sqrt{\lambda})-0.8]\sqrt{\lambda}=1.0$；在紊流过渡区，$\lambda$ 与雷诺数 Re 和 Δ/d 都有关系；在紊流粗糙区，λ 只与相对粗糙度 Δ/d 有关，而与 Re 无关，即 $\lambda=f(\Delta/d)$。

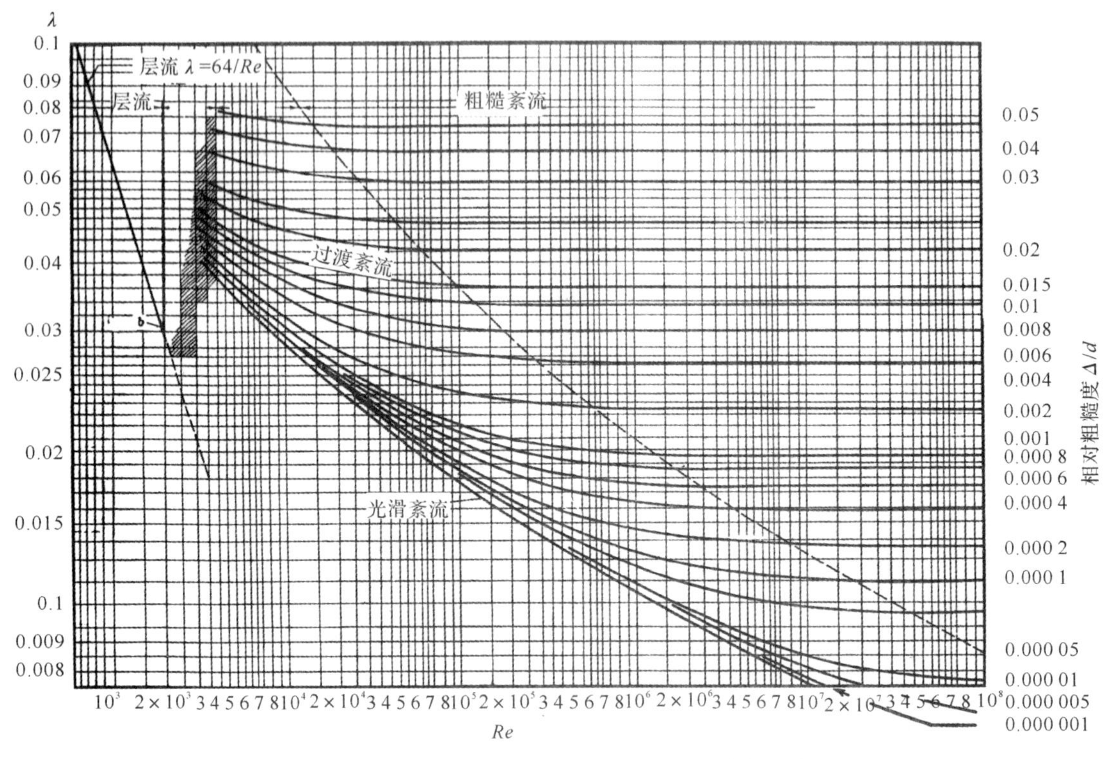

图 6-2 沿程阻力系数与雷诺数和相对粗糙度的关系

三、实验装置

实验装置如图 6-3 所示。实验设备为自循环实验系统，包括供水箱、水泵、等直径的压力管道、调节阀、接水盒、回水管、量筒、水银差压计、钢尺和秒表等。

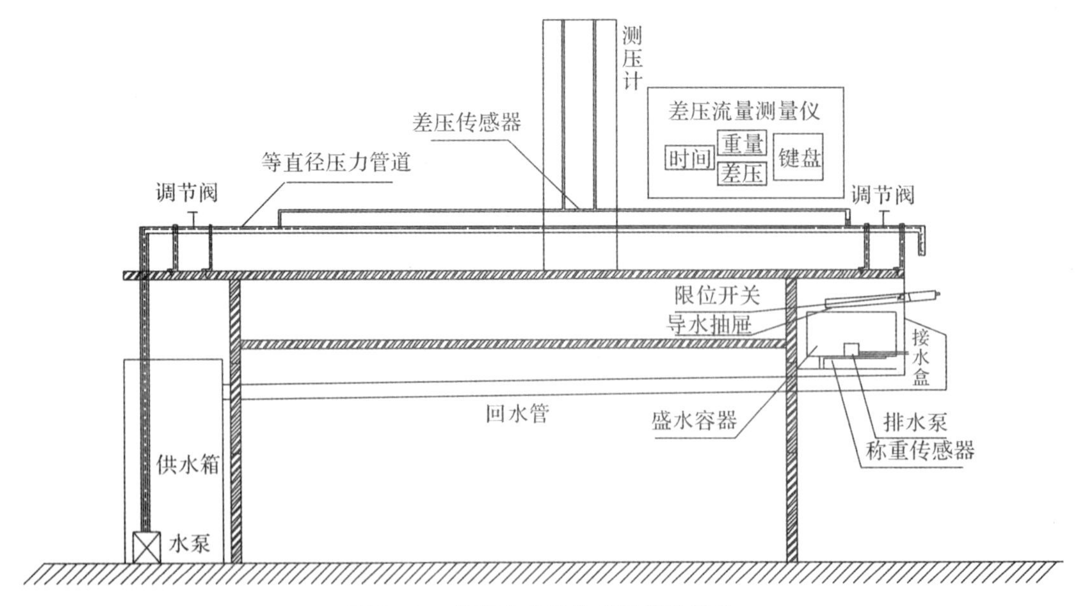

图 6-3 沿程水头损失实验仪器设备

四、实验步骤

(1) 记录有关常数 d,L。

(2) 打开供水泵,打开实验管道上的进水阀,使管道充满水。

(3) 关闭出水调节阀门,打开测压排上的止水夹,将测压管中的空气排出。在流量为零时,差压计两个水银面应在同一水平面上。

(4) 打开出水阀,使管内有水流通过,记录水银差压计显示的压差 Δh;同时用量筒和秒表测出流量 Q 。

(5)用出水阀门改变流量,重复 6~8 次。

(6)用温度计量测水温,记于表内。

(7)实验完毕后将仪器恢复原状。

五、数据处理和成果分析

实验设备名称:____________________　　仪器编号:________________

同组学生姓名:____

已知数据:管道材料;管道直径 $d=$　　　cm;管道断面面积 $A=$　　　cm^2;

实验段长度 $L=$　　　cm;水温 $t=$　　　℃ ;

水的运动黏滞系数 $\nu=$　　　cm^2/s。

1. 实验数据及计算成果

测次	$\frac{h_1}{cm}$	$\frac{h_2}{cm}$	$\frac{\Delta h}{cm}$	$\frac{体积}{cm^3}$	$\frac{时间}{s}$	$\frac{Q_{实}}{cm^3/s}$	$\frac{流速}{cm/s}$	沿程阻力系数 λ	雷诺数 Re	Δ/δ_0	实验区域判断

指导教师签名:　　　　　　　　　　实验日期:

2. 实验成果分析

(1)在双对数纸上点绘水头损失 λ 与雷诺数 Re 的关系曲线,分析沿程阻力系数 λ 随 Re 的变化规律。并将成果与莫迪图 6-2 进行比较,分析实验所在的区域。

(2) 也可以用下面的方法对实验曲线进行分析,判断流动区域。当 $Re < 2\ 000$ 时,为层流,$\lambda = 64/Re$。当 $2\ 000 < Re < 4\ 000$ 时,为层流到紊流的过渡区。当 $Re > 4\ 000$ 时,液流形态已进入紊流区,这时,沿程阻力系数取决定于黏性底层厚度 δ_0 与绝对粗糙度 Δ 的比值。黏性底层厚度的计算公式为

$$\delta_0 = \frac{32.8d}{Re\sqrt{\lambda}} \tag{6-6}$$

根据绝对粗糙度与黏性底层厚度的比值,对紊流区域判断如下:

当 $\Delta/\delta_0 < 0.3$ 为紊流光滑区,$\lambda = f(Re)$,λ 仅与 Re 有关;当 $0.3 \leqslant \Delta/\delta_0 < 6.0$ 为紊流过渡区,$\lambda = f(R_e, d/\Delta)$,$\lambda$ 不仅与 Re 有关,而且与相对光滑度 d/Δ 有关;当 $\Delta/\delta_0 > 6.0$ 为阻力平方区(粗糙区),$\lambda = f(d/\Delta)$,λ 仅与相对光滑度 d/Δ 有关。

(3) 由实测的层流区的水头损失 h_f 计算黏滞系数 μ。已知在层流区 $\lambda = 64/Re$,$Re = vd/\nu$,代入式(6-3) 得 $\nu = gd^2h_f/(32Lv)$,又 $g = \gamma/\rho$,$\mu = \rho\nu$,可得

$$\mu = \frac{\gamma d^2 h_f}{32Lv} \tag{6-7}$$

六、注意事项

(1)关闭水银差压计上排气阀门,防止串压。

(2)改变流量后应待水流稳定后,再测读流量和压差。

(3)由于水流的脉动作用,压差计液面上下跳动,读数可取其平均值。

七、思考题

(1)实验前为什么要将管道、差压计和橡皮管内空气排尽?怎样检查空气已被排尽?

(2)量测出的实验管段压强水头之差为什么叫作沿程水头损失?其影响因素有哪些?计算水头损失的目的是什么?

(3)尼古拉兹实验揭示了哪些流动区域和能量损失的规律性?

(4)分析实验曲线在哪些区域?

实验七　管道局部阻力系数测定实验

一、实验目的和要求

(1)测量管道突然扩大、突然缩小时的局部阻力系数。

(2)将实测值与理论值或经验系数比较,验证理论公式的正确性。

(3)分别绘制突然扩大、突然缩小管道的局部水头损失和流速水头的关系曲线。

二、实验原理

由于水流边界条件或过水断面的改变,水流受到扰动,流速、流向、压强等都将发生改变,并且产生旋涡,在这一过程中,水流质点间相对运动加强,使得内摩擦作用加强,从而产生较大的能量损失。由于能量损失是在局部范围内发生的,所以称作局部水头损失。一般而言,局部水头损失的计算,应用理论求解有很大困难,主要是因为在急变流情况下,作用在固体边界上的动水压强不好确定。目前只有少数几种情况可用理论近似分析,大多数情况还只能通过实验方法来解决。

1. 局部水头损失一般计算公式

局部水头损失的一般表达式为

$$h_j = \zeta \frac{v^2}{2g} \tag{7-1}$$

式中,h_j 为局部水头损失;ζ 为局部水头损失系数,即局部阻力系数,它是流动形态与边界形状的函数,即 $\zeta = f$(边界形状,Re),当水流的雷诺数 Re 足够大时,可以认为 ζ 系数不再随 Re 而变化,可视作为一常数;v 为断面平均流速,一般用发生局部水头损失以后的断面平均流速,也有用损失断面前的平均流速,所以在计算或查表时要注意区分。

2. 突然扩大管道局部水头损失的理论计算公式

图 7-1 为一圆管突然扩大的实验管段,管的断面从 A_1 突然扩大至 A_2,液流自小断面进入大断面时,流股脱离固体边界,四周形成漩涡,然后流股逐渐扩大,经距离 $(5 \sim 8)d_2$ 以后才与大断面吻合。在断面 1—1 和 2—2 的水流均为渐变流,可列出能量方程,由于断面 1—1 和 2—2 之间距离很短,沿程水头损失可以略去不计,则有

$$h_j = \left(z_1 + \frac{p_1}{\gamma}\right) - \left(z_2 + \frac{p_2}{\gamma}\right) + \frac{\alpha_1 v_1^2 - \alpha_2 v_2^2}{2g} \tag{7-2}$$

式中,$\left(z_1 + \frac{p_1}{\gamma}\right) - \left(z_2 + \frac{p_2}{\gamma}\right)$ 为断面 1—1 和 2—2 的测压管水头差;v_1,v_2 分别为 1—1 断面

和 2—2 断面的平均流速。

管道局部水头损失目前仅有断面突然扩大(见图 7-1)可利用动量方程,能量方程和连续方程进行理论分析,并可得出足够精确的结果,其他情况尚须通过实验方法测定局部阻力系数。对于管道突然扩大,理论公式为

$$h_j=\frac{(v_1-v_2)^2}{2g} \tag{7-3}$$

由连续方程 $A_1v_1=A_2v_2$,解出 v_1 或 v_2,代入式(7-3)分别可得

$$h_j=\left(\frac{A_2}{A_1}-1\right)^2\frac{v_2^2}{2g},\quad \zeta_{扩大2}=\left(\frac{A_2}{A_1}-1\right)^2 \tag{7-4}$$

或

$$h_j=\left(1-\frac{A_1}{A_2}\right)^2\frac{v_1^2}{2g},\quad \zeta_{扩大1}=\left(1-\frac{A_1}{A_2}\right)^2 \tag{7-5}$$

式中,A_1,A_2 分别为断面 1—1 和 2—2 的过水断面面积;$\zeta_{扩大1}$,$\zeta_{扩大2}$ 叫作突然扩大的局部阻力系数。由式(7-4)和式(7-5)可以看出,突然扩大的局部水头损失可以用损失前的流速水头或者用损失后的流速水头表示,但两种表示方法其阻力系数是不一样的,在应用中要注意应用条件。

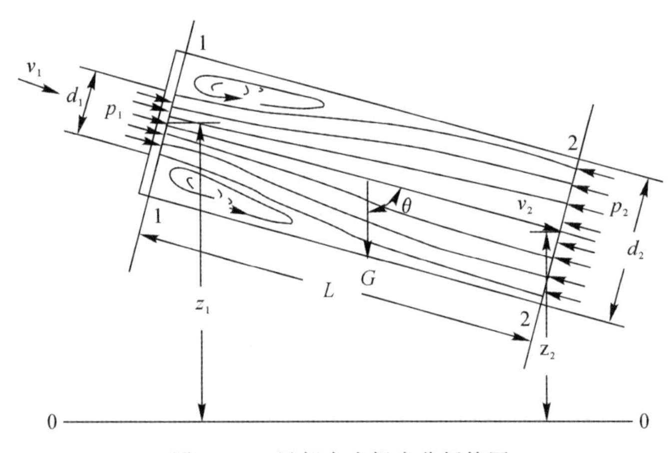

图 7-1 局部水头损失分析简图

如果知道管道流量和管径,即可用式(7-5)计算局部阻力系数。用实验方法测得局部水头损失 h_j 和流速 v,也可用式(7-1)算出局部阻力系数。

对于断面突然缩小的情况,目前尚没有理论公式,对于 $A_2/A_1<0.1$ 的情况,有以下经验公式:

$$h_j=\frac{1}{2}\left(1-\frac{A_2}{A_1}\right)\frac{v_2^2}{2g},\quad \zeta_{缩小}=\frac{1}{2}\left(1-\frac{A_2}{A_1}\right) \tag{7-6}$$

对于断面突然缩小的其他面积比,其阻力系数可由表 7-1 查得,或者用经验公式(7-7)计算。

表 7-1 突然缩小时不同面积比的阻力系数

A_2/A_1	0.01	0.1	0.2	0.3	0.4	0.5	0.6	0.7	0.8	0.9	1.0
$\zeta_{缩小}$	0.5	0.47	0.45	0.38	0.34	0.30	0.25	0.20	0.15	0.00	0.00

$$\zeta_{缩小}=-1.2255\left(\frac{A_2}{A_1}\right)^4+2.2096\left(\frac{A_2}{A_1}\right)^3-1.3859\left(\frac{A_2}{A_1}\right)^2-0.1167\left(\frac{A_2}{A_1}\right)+0.5 \quad (7-7)$$

三、实验设备

实验装置为自循环系统，包括供水箱、水泵、突然扩大压力管道、突然缩小压力管道、调节阀、接水盒、回水管、测压计、量筒、钢尺和秒表等。实验的设备仪器如图 7-2 所示。

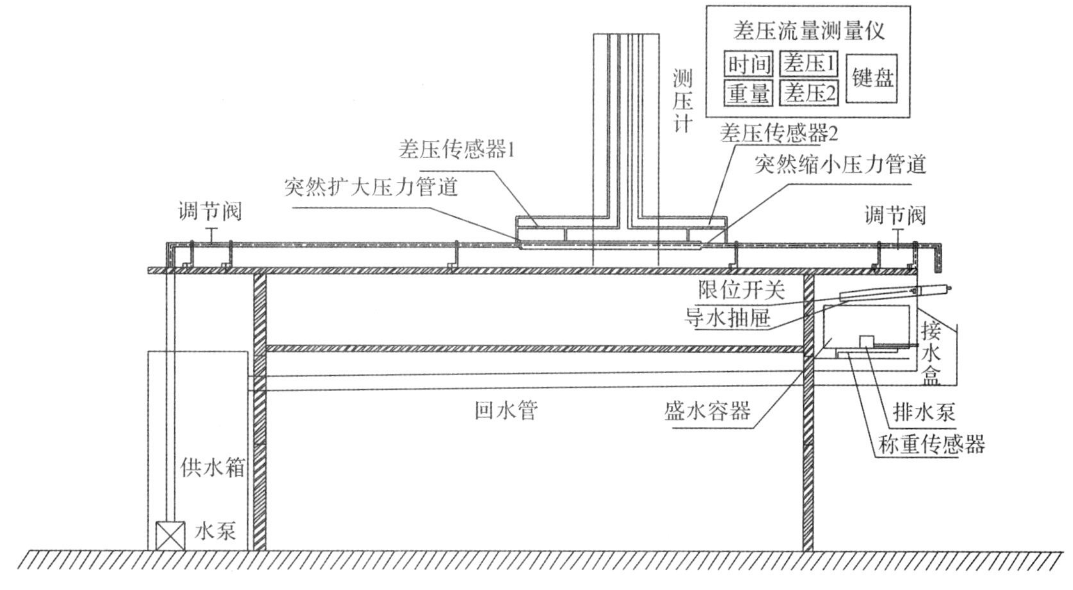

图 7-2　局部阻力系数实验装置

四、实验步骤

(1) 记录有关常数，如突然扩大的管径 d_1 和管径 d_2、突然缩小的管径 d_3 和管径 d_4。

(2) 打开供水泵和调节阀门，使管中充满水。

(3) 关闭出水调节阀门，打开测压排上的止水夹，将测压管中的空气排出。并检验空气是否排完，检验的方法是管道不过流时所有测压管的液面应齐平。

(4) 打开出水阀门，观察测压管或差压流量测量仪面板显示的压差值为适当数值。为避免大流量时，测压管水面超出标尺范围，实验开始时应将测压管水面调整到标尺的中间部位。

(5) 待水流稳定后测量差压和流量。用量筒和秒表测量流量，用钢板尺测量测压管读数 z_1+p_1/γ，z_2+p_2/γ，z_3+p_3/γ，z_4+p_4/γ。

(6) 调节出水阀门，使流量逐渐减小或增加，重复第(3)步至第(5)步 N 次。

(7) 实验结束后将仪器恢复原状。

五、数据处理和成果分析

实验设备名称：________________　　仪器编号：____________

同组学生姓名：____

已知数据：突然扩大管：$d_1=$ 　　　cm；　$d_2=$ 　　　cm；

突然缩小管：$d_3=$ cm； $d_4=$ cm。

1. 实验数据记录

测次	传统实验方法						差压流量测量仪				流量 Q / cm^3/s
	突然扩大		突然缩小		体积	时间	压差		体积	时间	
	z_1+p_1/γ / cm	z_2+p_2/γ / cm	z_3+p_3/γ / cm	z_4+p_4/γ / cm	V / cm^3	t / s	Δh_1 / cm	Δh_2 / cm	V / cm^3	t / s	

指导教师签名： 实验日期：

2. 计算成果

测次	$A_1=$ cm^2 $A_2=$ cm^2						
	突然扩大阻力系数计算						
	Q / cm^3/s	v_1 / cm/s	$v_1^2/2g$ / cm	v_2 / cm/s	$v_2^2/2g$ / cm	h_j / cm	ζ

续　表

测次	$A_3=$　　　　cm²　　　　$A_4=$　　　　cm²						
	突然缩小阻力系数计算						
	$\frac{Q}{cm^3/s}$	$\frac{v_3}{cm/s}$	$\frac{v_3^2/2g}{cm}$	$\frac{v_4}{cm/s}$	$\frac{v_4^2/2g}{cm}$	$\frac{h_j}{cm}$	ζ

3. 实验成果分析

(1) 计算所测量的管道突然扩大和突然缩小的局部阻力系数 ζ 值，分析比较突然扩大与突然缩小在相应条件下的局部损失大小关系。

(2) 将突然扩大实测的 $\zeta_{扩}$ 值与理论公式计算的 $\zeta_{扩}$ 的数据进行比较，将突然缩小的实测值 $\zeta_{缩小}$ 与式(7-7)计算值或表(7-1)查算值进行比较。

(3) 绘制局部水头损失与流速水头的关系曲线，其斜率即为局部阻力系数。

(4) 分析突然扩大与突然缩小局部水头损失的变化规律。

六、注意事项

(1) 测压管内气体一定要排尽，否则影响实验结果。

(2) 用流速 v_1 还是 v_2 算出的阻力系数是不同的，应注意勿代错。

七、思考题

(1) 实验中所选择的测压管一定要在渐变流断面上，为什么？不在渐变流断面上的测压管水头是怎样变化的？

(2) 能量损失有几种形式？产生能量损失的物理原因是什么？

(3) 影响局部阻力系数的主要因素是什么？

(4) 一般计算局部水头损失时，是用流速 v_1 还是 v_2？为什么进口损失不能用流速 v_1？出口损失不能用流速 v_2？

实验八　明渠水跃实验

在泄水建筑物上游和下游的河道水流流动一般均属缓流，在溢流坝顶附近产生临界水深或临界流，在临界水深下游则是急流。根据明渠微波波速 C 和流速 v 的大小关系，可以判别急流缓流。当 $C > v$ 时为缓流；当 $C < v$ 时为急流。

水流由急流到缓流必然产生水跃现象。水跃是一种水面衔接形式，由于水跃过程中，水流运动要素急剧变化，水流质点及涡团剧烈的紊动、掺混等，使得水流内摩擦作用加剧，因而消耗了大量机械能（消能率为 $45\% \sim 64\%$）。

在水跃范围内，水深和流速都在发生急剧的变化，所以水跃是一种明渠非均匀急变流。在闸坝及陡坡等泄水建筑物下游一般常采用水跃消能衔接。

一、实验目的和要求

(1) 观察水跃现象，了解水跃水流结构的基本特征，水跃类型及其形成条件。

(2) 了解水跃消能的物理过程。

(3) 测量水跃参数，与公式计算值比较，并绘制 h_2/h_1 与 Fr_1 的关系曲线与理论值比较，分析误差产生的原因。

(4) 演示各种衔接消能方式，应注意面流及戽流衔接状态的演变。

二、实验原理

水跃发生后，在水跃的上部有一个做剧烈旋转运动的表面旋滚区，在该区水流翻腾滚动，掺入大量的空气；旋滚之下是急剧扩散的主流。旋滚开始的断面称为跃前断面，旋滚下游回流末端的断面称为跃后断面，两断面之间称为水跃区，如图 8-1 所示。

1. 水跃的分类

按水跃开始的位置不同，可以将水跃分为临界水跃、远驱水跃和淹没水跃。其分类标准以收缩断面水深 h_c 的共轭水深 h_c''（即跃后水深）与下游水深 h_t 比较，当 $h_c''=h_t$ 时为临界水跃；$h_c'' > h_t$ 时为远驱水跃；$h_c'' < h_t$ 时为淹没水跃。

按其跃前断面弗劳德数 Fr_1 可以将水跃分为：当 $1 < Fr_1 < 1.7$ 为波状水跃，这种水跃的水流表面呈现逐渐衰减的波形。当 $1.7 < Fr_1 < 2.5$ 为弱水跃，水跃表面形成一连串小的表面旋滚，但跃后水面较平静。当 $2.5 < Fr_1 < 4.5$ 为不稳定水跃，这时底部主流间歇地向上窜升，旋滚随时间摆动不定，跃后水面波动较大。当 $4.5 < Fr_1 < 9.0$ 为稳定水跃，水跃形态完整，水跃稳定，跃后水面也较平稳。当 $Fr_1 > 9.0$ 为强水跃，高速水流挟带间歇发生的漩涡不断滚向下游，产生较大的水面波动。

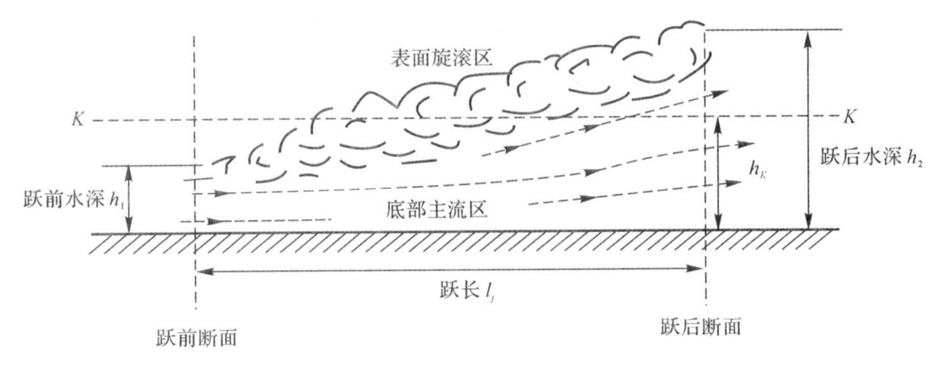

图 8-1　水跃现象

在工程实际中，最好选用稳定水跃，此时跃后水面比较平稳。不稳定水跃消能效率低，且跃后水面波动大并向下游传播。强水跃虽然消能效率可进一步提高，但此时跃后水面的波动很大并一直传播到下游。至于弱水跃和波状水跃，消能效率就更低了。

2. 水跃方程

棱柱体水平明渠的水跃方程可表示为

$$\frac{Q^2}{gA_1}+A_1h_{c1}=\frac{Q^2}{gA_2}+A_2h_{c2} \tag{8-1}$$

式中，Q 为流量；A_1，A_2 分别为跃前、跃后过水断面的面积；h_{c1}，h_{c2} 分别为跃前和跃后过水断面形心到水面的距离。

对于矩形断面，$A_1=bh_1$，$A_2=bh_2$，$h_{c1}=0.5h_1$，$h_{c2}=0.5h_2$，代入式(8-1)，则得到棱柱体矩形水平明渠的水跃方程为

$$h_1h_2(h_1+h_2)=\frac{2q^2}{g} \tag{8-2}$$

式中，h_1 为跃前水深；h_2 为跃后水深；q 为单宽流量。式(8-2)是对称二次方程。解该方程可得

$$h_2=\frac{h_1}{2}\left(\sqrt{1+8\frac{q^2}{gh_1^3}}-1\right) \tag{8-3}$$

由于 $q=v_1h_1$，代入式(8-3)得

$$h_2=\frac{h_1}{2}(\sqrt{1+8Fr_1}-1) \tag{8-4}$$

式中，Fr_1 为跃前断面的弗劳德数，即 $Fr_1=v_1^2/(gh_1)$。由式(8-4)可以求出跃后、跃前断面的共轭水深比为

$$\eta=\frac{h_2}{h_1}=\frac{1}{2}(\sqrt{1+8Fr_1}-1) \tag{8-5}$$

由式(8-5)可以看出，共轭水深比 η 是弗劳德数 Fr_1 的函数，跃前断面的 Fr_1 越大，即水流越急，所需要的 η 值越大。根据式(8-5)即可绘出理论曲线。实验证明当 $\eta>2.5$ 时，η 的实验值与按式(8-5)计算值很接近。

3. 水跃长度的计算

水跃长度目前尚无理论公式。计算水跃长度的经验公式很多，各公式计算结果出入较大，

原因之一是水跃位置不固定，前后摆动，不易测量准确；其次是对水跃末端判断标准不同。下面是几个常用矩形明渠水跃长度计算公式：

(1)$L_j=6.1h_2$，适用范围为 $4.5<Fr_1<10$。

(2)$L_j=6.9(h_2-h_1)$

(3)$L_j=9.4(Fr_1-1)h_1$

(4)$L_j=10.8\,(Fr_1-1)^{0.93}h_1$

三、水跃实验的仪器设备

实验设备和仪器如图 8-2 所示。实验设备为自循环实验水槽，包括供水箱、水泵、压力管道、上水调节阀门、消能罩、稳水道 1、稳水道 2、实验水槽、实用堰、下游水位调节闸门、稳水栅、回水系统。实验仪器为活动水位测针、钢板尺、量水堰或电磁流量计和立杆。

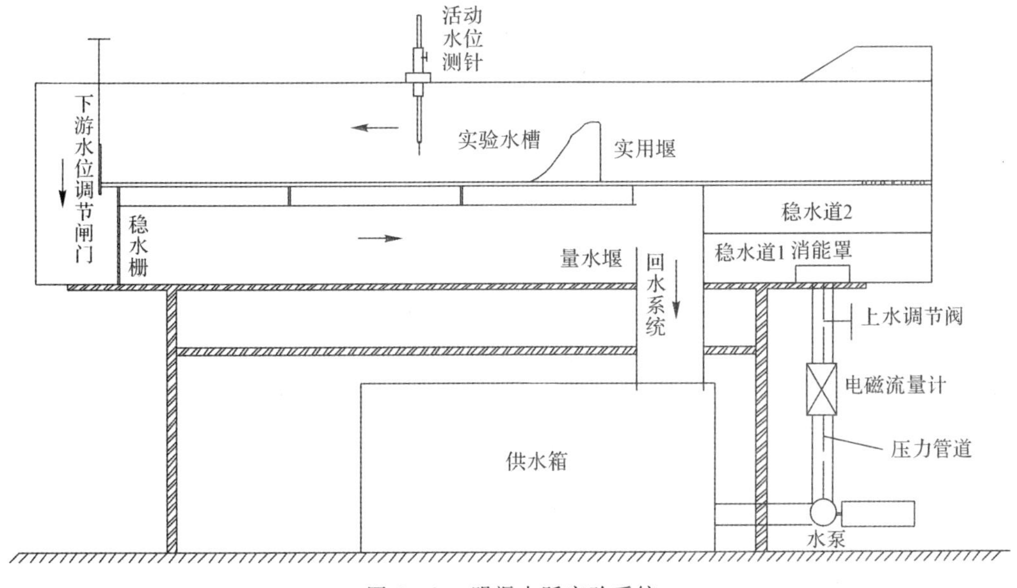

图 8-2　明渠水跃实验系统

四、实验步骤

(1) 记录有关参数，如实验水槽宽度 B、量水堰宽度 b 和堰高 P、量水堰的堰顶测针读数和流量计算公式；用水位测针测量实验水槽槽底的测针读数，记录在相应的表格中。

(2) 打开水泵电源开关，并逐渐打开上水调节阀门，使流量达到最大。

(3) 待水流稳定后，调节水槽尾部的下游水位调节闸门，水流自量水堰下泄，经由实用堰形成急流，与下游缓流连接必将产生水跃。用尾门调节下游水位，可以看到三种不同的水跃形式，即远驱水跃、临界水跃和淹没水跃。本实验只对在坝趾处产生的完整水跃进行量测。

(4) 调节下游水位调节闸门，使水跃的跃首位于溢流坝址处，即水跃为临界水跃状态。用立杆在跃尾附近前后移动。用水位测针测量跃前断面和跃后断面的水面测针读数，用水面测针读数减去实验水槽的槽底测针读数即得跃前断面水深 h_1 和跃后断面水深 h_2，用钢板尺测量水跃长度 L_j。

(5) 用量水堰或文丘里流量计测量流量。

(6) 调节上水调节阀门改变流量，重复第(4)步和第(5)步的测量步骤 N 次。

(7) 置入曲线堰，并使下游为急流，用闸门控制下游水深，观察下游水跃衔接方式的演变。注意观察主流及表面旋滚的不同。

(8) 演示挑流消能。用闸门调节下游水深，实现从挑流到临界戽流、淹没戽流、回复底流的状态演变，即消力戽消能的不同流态演示。

(9) 实验结束后将仪器恢复原状。

五、数据处理和成果分析

实验设备名称：________________　　仪器编号：______________

同组学生姓名：____

已知参数：实验水槽宽度 $B=$　　cm；实验水槽底部测针读数　　　cm；

量水堰堰宽　$b=$　　cm；堰高 $P=$　　cm；堰顶测针读数　　　cm；

量水堰流量计算公式：

1. 实验数据及计算成果

测次	实测水跃参数						水跃参数计算						
	跃前水面测针读数 / cm	跃前水深 h_1 / cm	跃后水面测针读数 / cm	跃后水深 h_2 / cm	水跃长度 L_j / cm	流量 Q / cm^3/s	η	q / cm^2/s	Fr_1	$h_{2计}$ / cm	$\eta_{计}$	$L_{计}$ / cm	$L_j/L_{计}$

指导教师签名：　　　　　　　　　　　　实验日期：

2. 实验成果分析

(1) 用实测流量 Q 和跃前水深 h_1 计算跃前断面的弗劳德数 Fr_1。

(2) 用实测跃后水深和跃前水深，求共轭水深比 η，点绘 $\eta-Fr_1$ 的关系曲线。

(3) 用实测跃前水深 h_1 和 Fr_1，代入式(8－4)求计算的跃后水深 $h_{2计}$，并计算 $\eta_{计}=h_{2计}/h_1$，将 $\eta_{计}$ 与 Fr_1 一同点绘在 $\eta-Fr_1$ 关系图上，分析实验结果。

(4) 用实测的水跃长度与计算的水跃长度进行比较。

六、注意事项

（1）跃后断面水面波动不易测准，应多测几次取平均值。实测水深时一般沿水槽的中心线位置测量数次取平均值。

（2）跃前水深值测量精度，影响整个实验结果，选择测点要避开水冠，由于水面有波动应细心量测，量两三次再取平均值。

（3）流量不宜太小，太小将产生波状水跃。

（4）每次测量时水流一定要稳定，即在调节上水阀门后须等待一定的时间，待水流稳定后方能测读数据。

七、思考题

（1）水跃按其位置分为几种类型？产生的条件是什么？

（2）弗劳德数的物理意义是什么？如何根据弗劳德数判别水流状态？

（3）水跃方程根据什么原理推导出来？推导方程时做了哪些假设？

实验九　明渠水面曲线演示实验

一、实验目的和要求

(1) 演示棱柱体明渠恒定非均匀渐变流在不同底坡情况下的水面曲线及其衔接形式，以加深对水面曲线定性分析方法的理解和掌握。

(2) 演示堰闸出流的水流状态，通过观察其水流现象的不同，增强对水流特征的感性认知。

二、明渠水面曲线实验的原理

棱柱体明渠渐变流水深沿程变化的微分方程为

$$\frac{dh}{dl}=\frac{i-J}{1-Fr} \tag{9-1}$$

式中，h 为明渠水深；l 为非均匀渐变流两断面之间的距离；i 为渠道底坡；J 为水力坡度；Fr 为弗劳德数。

由式(9-1)可以看出，分子反映了水流的不均匀程度，分母反映了水流的缓急程度，水面曲线的形式必然与底坡 i、实际水深 h、正常水深 h_0、临界水深 h_k 之间的相对位置有关。利用式(9-1)讨论水面曲线的沿程变化时，首先对 dh/dl 可能出现的情况以及每一种情况所表示的意义作以下说明。

当 $dh/dl>0$，为减速流动，表示水深沿程增加，称为壅水曲线。

当 $dh/dl<0$，为加速流动，表示水深沿程减小，称为降水曲线。

当 $dh/dl=0$，表示水深沿程不变，为均匀流动。

当 $dh/dl\to 0$，表示水深沿程变化越来越小，趋近于均匀流动。

当 $dh/dl=i$，表示水深沿程变化，但水面保持水平。

当 $dh/dl\to i$，表示水面趋近于水平，或者以水平线为渐近线。

当 $dh/dl\to\pm\infty$，表示水面趋近于和流向垂直，式(9-1)中的分母趋近于零，$Fr\to 1$，水深此时趋近于临界水深 h_k，这种情况说明水流已经超出渐变流范围而变成急变流动的水跃或水跌现象，因此，式(9-1)在水深接近于临界水深的局部区域内是不适用的。

根据明渠底坡的不同类型，水面曲线又可分为顺坡($i>0$)、平坡($i=0$)和逆坡($i<0$)三种情况。

在水面线的分析中，一般以渠道底坡线、均匀流的正常水深线($N-N$ 线)、临界水深线

($K-K$ 线）三者的相对位置可以把水深分成三个不同的区域，各区域有以下特点。

(1)$N-N$ 线与 $K-K$ 线以上的区域称为 a 区，其水深大于正常水深 h_0 和临界水深 h_k。

(2)$N-N$ 线与 $K-K$ 线之间的区域称为 b 区，其水深介于正常水深 h_0 和临界水深 h_k 之间。

(3)$N-N$ 线与 $K-K$ 线以下的区域称为 c 区。其水深小于正常水深 h_0 和临界水深 h_k。

三、明渠水面曲线类型分析

1. 顺坡渠道($i>0$)

顺坡渠道是指渠道底坡大于零的渠道，顺坡渠道的底坡 i 与临界底坡 i_K 相比，可能有三种情况；即 $i<i_K$，$h_0>h_K$ 称为缓坡渠道；$i>i_K$，$h_0<h_K$ 称为陡坡渠道；$i=i_k$，$h_0=h_k$ 称为临界底坡。

现对顺坡渠道水面曲线作下述分析。

(1) 缓坡($i<i_K$)。这种情况下，正常水深 h_0 大于临界水深 h_K，均匀流属于缓流，$N-N$ 线在 $K-K$ 线之上；对于非均匀流，根据水面线位于不同的的区域，可分为三种不同的水面线，如图 9-1 所示。

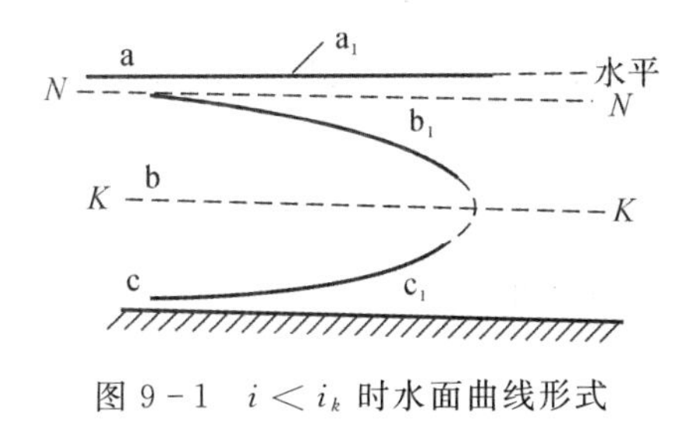

图 9-1　$i<i_k$ 时水面曲线形式

a 区：位于 a 区的水面线，其水深大于正常水深和临界水深，即 $h>h_0>h_K$。因 $h>h_0$，故 $J<i$，即 $i-J>0$；又因 $h>h_K$，非均匀流为缓流，故 $Fr<1$，即 $1-Fr>0$，所以 $\frac{dh}{dl}>0$，水深沿程增加，水面线是壅水曲线，称为 a_1 型壅水曲线。

从式(9-1)还可以分析 a_1 型壅水曲线的两端特征：该水面线的上游水深逐渐减小，当上游水深 $h\to h_0$ 时，则 $J\to i$，$i-J\to 0$；$Fr<1$，$1-Fr>0$，因此 $\frac{dh}{dl}\to 0$，这说明 a_1 型壅水曲线上游端以 $N-N$ 线为渐近线；该水面线的下游水深逐渐增加，若渠道有足够的深度，当下游水深 $h\to\infty$，则 $V\to 0$，$J\to 0$，$i-J\to i$，$Fr\to 0$，$1-F_r\to 1$，因此 $\frac{dh}{dl}\to i$，说明 a_1 型壅水曲线下游端以水平线为渐近线。

b 区：位于 b 区的水面线，其水深小于正常水深，但大于临界水深，即 $h_K<h<h_0$。因 $h<h_0$，故 $J>i$，即 $i-J<0$；又因 $h_K<h$，非均匀流为缓流，故 $Fr<1$，即 $1-Fr>0$，所以 $\frac{dh}{dl}<0$，水深沿程减小，水面线是降水曲线，称为 b_1 型降水曲线。

b_1 型降水曲线的两端特征为：该水面线的上游水深逐渐增加，当 $h\to h_0$ 时，$J\to i$，b_1 型降水曲线上游端以 $N-N$ 线为渐近线；该水面线的下游水深逐渐减小，当 $h\to h_K$ 时，$Fr\to 1$，流态接近临界状态，$\frac{dh}{dl}\to\infty$，水面线与 $K-K$ 正交。但此处水深急剧减小已不是渐变流，将发生从缓流到急流过渡的水跌现象，水面迅速下降，形成光滑曲线，故用虚线标出。

在缓坡渠道末端出现跌坎，就可能出现 b_1 型降水曲线。

c 区：位于c区的水面线，其水深小于正常水深和临界水深，即 $h<h_K<h_0$。因 $h<h_0$，故 $J>i$；又因 $h<h_K$，非均匀流为急流，故 $Fr>1$，因此$\frac{dh}{dl}>0$，水深沿程增加，水面线是壅水曲线，称为 c_1 型壅水曲线。其上游端 h 的最小值随具体条件而定（例如收缩断面的水深 h_c），下游端 $h\to h_K$，$Fr\to 1$，$\frac{dh}{dl}\to\infty$，此处也属于急变流，c_1 型壅水曲线下游端与 $K-K$ 线垂直，将发生水跃现象。

（2）陡坡（$i>i_K$）。在这种情况下，正常水深 h_0 小于临界水深 h_K，$N-N$ 线在 $K-K$ 线之下，均匀流属于急流，非均匀流的水深可以在三个区域内变化，分析方法与缓坡时相同，如图 9-2 所示。

a 区：水深大于临界水深和正常水深，即 $h>h_K>h_0$，$J<i$，$Fr<1$，所以$\frac{dh}{dl}>0$，水面线是壅水曲线，称为 a_2 型壅水曲线。其上游端与 $K-K$ 线垂直，下游端以水平线为渐近线。

b 区：水深小于临界水深，但大于正常水深，即 $h_0<h<h_K$。由于 $J<i$，$Fr>1$，所以$\frac{dh}{dL}<0$，水面线是降水曲线，称为 b_2 型降水曲线。其上游端与 $K-K$ 线垂直，下游端以 $N-N$ 线为渐近线。

c 区：水深小于临界水深和正常水深，即 $h<h_0<h_K$。因 $J>i$，$Fr>1$，所以$\frac{dh}{dl}>0$，水面线是壅水曲线，称为 c_2 型壅水曲线。其上游端由具体条件决定，下游端以 $N-N$ 线为渐近线。

（3）临界坡（$i=i_K$）。在这种情况下，正常水深 h_0 等于临界水深 h_K，均匀流属于临界流均匀流。$N-N$ 线与 $K-K$ 线重合，非均匀流的水深只可以在 a 区（$h>h_0=h_K$）和 c 区（$h<h_0=h_K$）内变化，只有两条水面曲线，即 a_3、c_3 型壅水曲线，并且这两区的水面曲线近似水平线，如图 9-3 所示。

a_3 型壅水曲线和 c_3 型壅水曲线，在实际工程中很少出现。

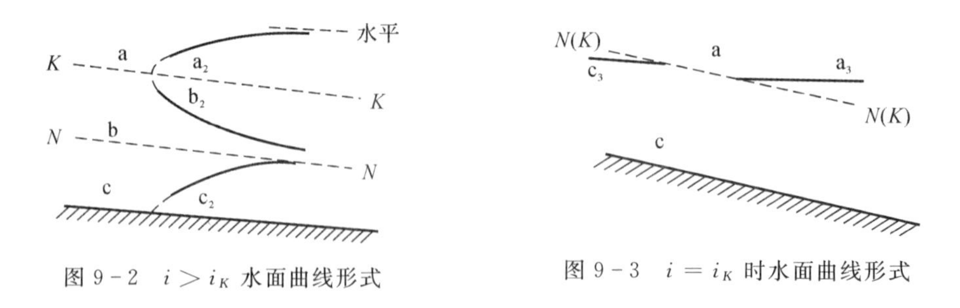

图 9-2　$i>i_K$ 水面曲线形式

图 9-3　$i=i_K$ 时水面曲线形式

2. 平坡渠道（$i=0$）

平坡渠道中不能形成均匀流，正常水深 $h_0\to\infty$，所以正常水深线（$N-N$ 线）不存在，只有临界水深线（$K-K$ 线）；$K-K$ 线将流动空间分为 b 区和 c 区，非均匀流的水深只能在 b 区

和 c 区内变动，它们的水面线如图 9－4 所示。明渠渐变流基本方程变为

$$\frac{\mathrm{d}h}{\mathrm{d}l}=\frac{-J}{1-Fr}$$

对 b 区：$h>h_K$，$Fr<1$，所以$\frac{\mathrm{d}h}{\mathrm{d}l}<0$，水面线为降水曲线，称为 b_0 型降水曲线。其上游端以水平线为渐近线，下游端与 $K—K$ 线垂直。

对 c 区：$h<h_K$，$Fr>1$，所以$\frac{\mathrm{d}h}{\mathrm{d}l}>0$，水面线为壅水曲线，称为 c_0 型降水曲线。其上游端由具体条件决定，下游端与 $K—K$ 线垂直。

3. 逆坡渠道($i<0$)

与平坡情况一样，逆坡渠道中不可能形成均匀流，故不存在正常水深。临界水深线($K—K$ 线)将流动空间分为 b 区和 c 区，非均匀流的水深只能在 b 区($h>h_K$)和 c 区($h<h_K$)内变动。与平坡水面线变化规律相似，仿照上述分析方法，在 b 区形成 b′ 型降水曲线，在 c 区形成 c′ 型壅水曲线，它们的水面线如图 9－5 所示。

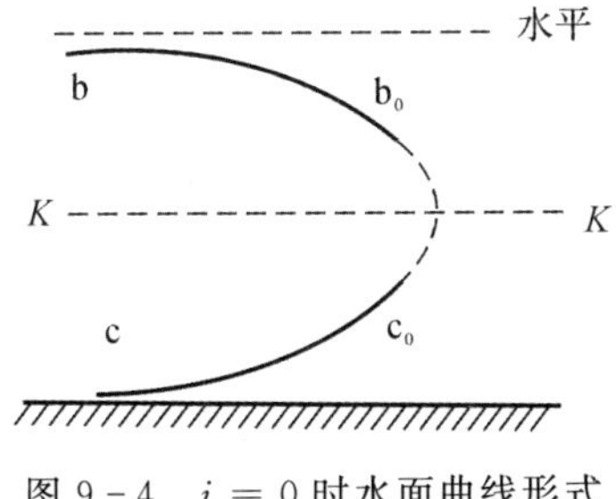

图 9－4　$i=0$ 时水面曲线形式

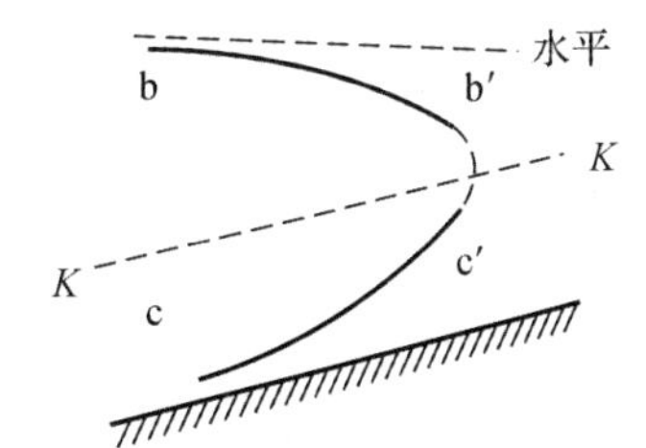

图 9－5　$i<0$ 时水面曲线形式

4. 明渠水面曲线分析一览表

上述对不同渠道底坡的水面曲线进行了分析，其分析结果见下表。

底坡		区域	水面曲线名称	水深范围	dh/dl		
					一般	向上游	向下游
顺坡	缓坡($i<0$)	a	a_1	$h>h_0>h_K$	>0	$\to 0$	$\to i$
		b	b_1	$h_0>h>h_K$	<0	$\to 0$	$\to -\infty$
		c	c_1	$h_0>h_K>h$	>0		$\to \infty$
	陡坡($i>0$)	a	a_2	$h>h_K>h_0$	>0	$\to \infty$	$\to i$
		b	b_2	$h_K>h>h_0$	<0	$\to -\infty$	$\to 0$
		c	c_2	$h_K>h_0>h$	>0		$\to 0$
	临界坡($i=i_k$)	a	a_3	$h>h_K$	>0		
		c	c_3	$h<h_K$	>0		
平坡	$i=0$	b	b_0	$h>h_K$	<0	$\to 0$	$\to -\infty$
		c	c_0	$h<h_K$	>0	$\to 0$	$\to \infty$
逆坡	$i<0$	b	b'	$h>h_K$	<0	$\to i$	$\to -\infty$
		c	c'	$h<h_K$	>0		$\to \infty$

四、明渠水面曲线实验的仪器设备

实验设备为自循环水面线演示系统，如图9-6所示。由图9-6中可以看出，水面曲线演示实验设备由两段宽7～8 cm，深20 cm的有机玻璃槽装在可以改变底坡的底架上构成，由供水箱、水泵、压力管道、进水控制阀门、稳水箱、双活动玻璃水槽、活动接头、测针导轨、上游升降机、下游升降机、闸门、集水箱、回水系统组成。实验仪器为活动水位测针和文丘里流量计。

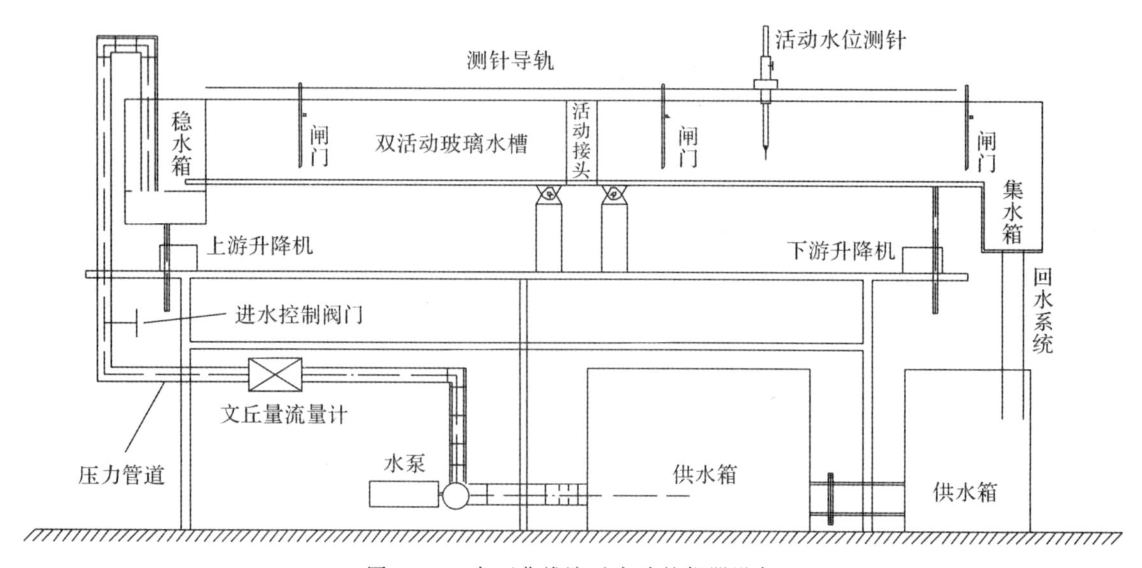

图9-6　水面曲线演示实验的仪器设备

五、实验方法及步骤

(1) 打开进水阀，注意防止水溢出槽外，根据玻璃水槽末端为一跌坎的条件，估计出临界水深及流量，应注意调整下游槽为缓坡。

(2) 调节两端升降机，改变实际底坡，并安置必要的堰或闸，使其产生各种类型的水面曲线。

(3) 认真观察水深沿程的变化，确定出相应的水面曲线类型。

六、水面曲线演示举例

(1) 调整上下游升降机，使水槽坡度 $i=i_K$ 为临界坡，并用水位测针测量水槽内水深，其水深应与临界水深 h_K 接近，此时槽中为临界流。放下闸门①(见图9-7)，使其开度小于 h_K，即可出现 a_3 型和 c_3 型壅水曲线。

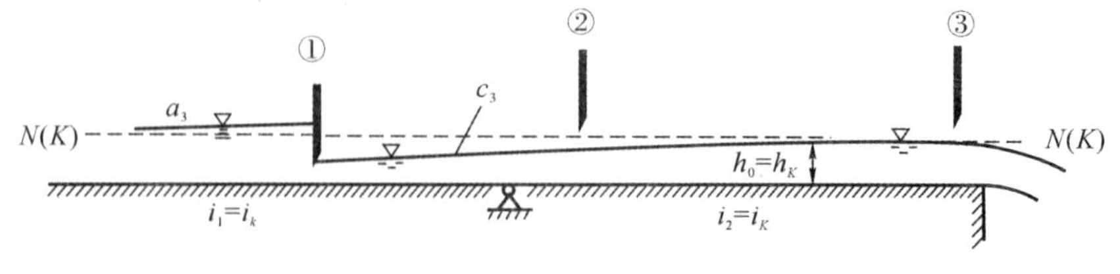

图9-7　举例1

(2) 流量 Q 不变，调整上下游槽底坡度，使 $i_1 < i_K$（为缓坡）和 $i_2 > i_K$（为陡坡）。所有闸板打开，此时在水槽上游下部出现 b_1 型降水曲线，在下游段的上部出现 b_2 型的降水曲线，b_1、b_2 型的降水曲线的水面通过 h_K 相衔接。b_1 型降水曲线的上游趋向于明渠上游正常水深 h_{01}，b_2 型的降水曲线的下游趋向于下游段正常水深 h_{02}，如图 9－8 所示。

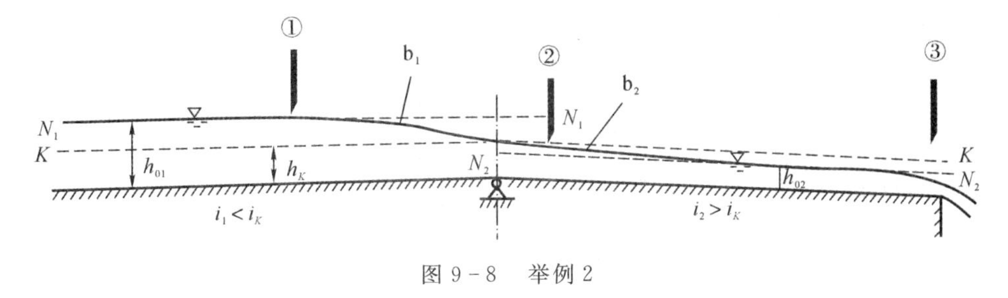

图 9－8　举例 2

(3) 在同样底坡 i_1 和 i_2 情况下，放下闸板 ①，②，③，使其相应的闸板开度分别小于 h_{01} 和 h_{02}，此时在上游水槽中可以出现 a_1 型和 c_1 型壅水曲线；在下游水渠中出现 a_2 型和 c_2 型壅水曲线，如图 9－9 所示。

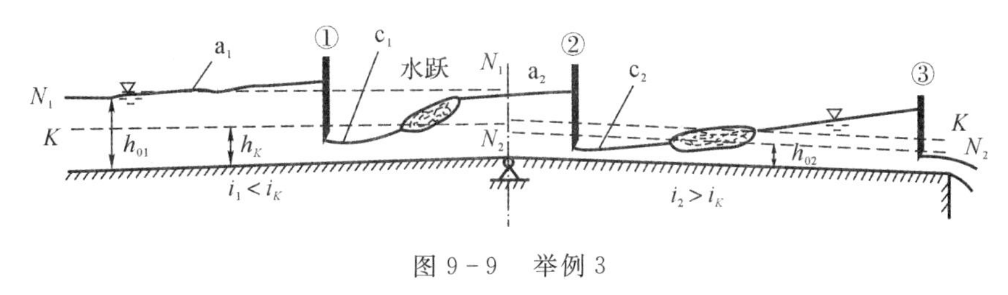

图 9－9　举例 3

(4) 调整水槽底坡，使 $i_1=0$ 和 $i_2<0$，将所有闸板打开，此时便可出现 b_0 型和 b' 型降水曲线，如图 9－10 所示。

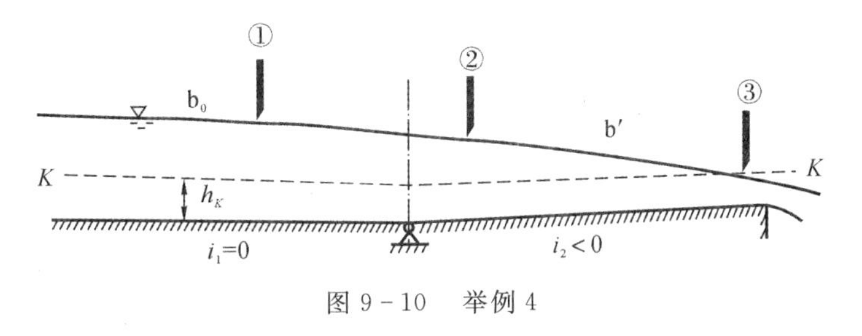

图 9－10　举例 4

(5) 在上述同样底坡情况下，放下闸板 ① 和 ②，使其开度都小于 h_K，此时便可出现 c_0 型和 c' 型壅水曲线，如图 9－11 所示。

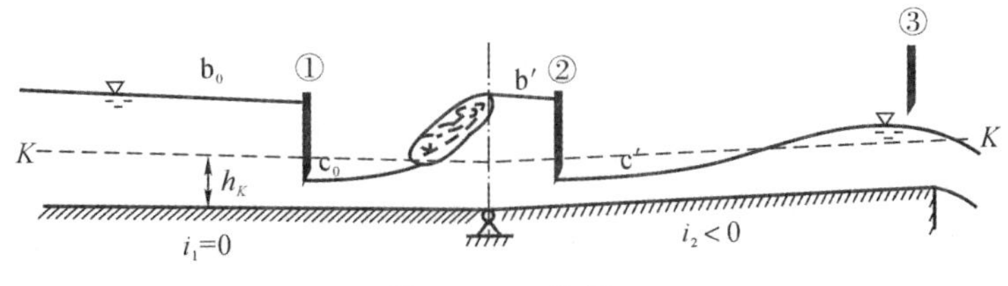

图 9－11　举例 5

七、数据处理和成果分析

(1) 根据实测流量计算渠道的临界水深 h_K，在流量不变的情况下，按照上述实验方法和步骤演示 12 种水面曲线。

(2) 用测针测量各种不同工况下不同断面的水深，画出各种水面曲线及衔接情况，判别水面曲线的类型。

八、注意事项

做演示实验时，要防止演示设备上的闸板滑下堵水，使水溢出水槽。

九、思考题

(1) 分析水面曲线的原则是什么？在 $i=0$ 和 $i<0$ 的底坡情况下，有没有正常水深线？

(2) 在 $i>0$ 的渠道中，与临界底坡相比较，分几种水面曲线形式，水面线是怎样分区的？

(3) 在 $i=0$，$i<0$ 和 $i>0$ 的底坡情况下，共有几种水面曲线形式？结合工程实际说明其应用。

实验十　堰流实验

在水利工程中常用堰来抬高水位和宣泄流量，堰既是溢流建筑物又是挡水建筑物。当水流从堰上溢流时，水面线是一条光滑的降水曲线，并在较短的距离内流线发生急剧的弯曲，属于明渠急变流，其出流过程的能量损失主要是局部水头损失。过堰水流的流态随堰顶厚度 δ（水流方向）和堰上水头 H 之比而变化，按照 $\frac{\delta}{H}$ 值大小及水流特征将堰分为薄壁堰、实用堰及宽顶堰三种类型，如图 10－1 所示。

(1) 薄壁堰 $\frac{\delta}{H} < 0.67$，广泛用在实验室或现场量测流量。

(2) 实用堰 $0.67 < \frac{\delta}{H} < 2.5$，有折线型和曲线型两类。折线形多为低堰，曲线形多用于较高的溢流坝。

(3) 宽顶堰 $2.5 < \frac{\delta}{H} < 10$。

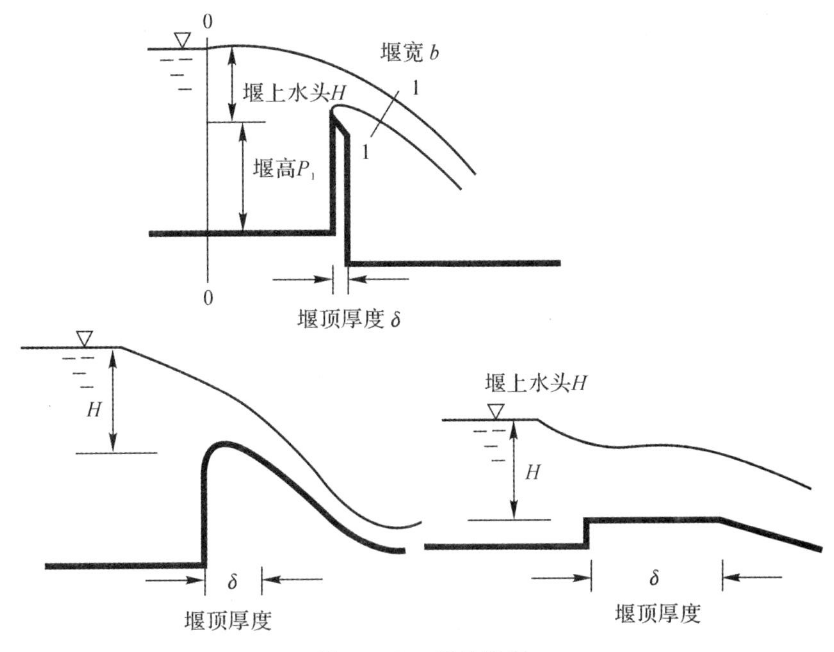

图 10－1　堰分类图

很显然，堰的外形及厚度不同，水流情况是不一样的，其能量损失（主要是局部损失）及过流能力也不相同。研究堰流主要是确定影响其过水能力的因素和它们之间的关系。

按下游水位对泄流的影响，堰流还分为自由出流和淹没出流。当下游水位不影响堰的过流能力时称为自由出流，反之称为淹没出流。

按有无侧收缩，堰又可以分为无侧收缩堰和有侧收缩堰。当溢流宽度与上游渠道的宽度相等时，称为无侧收缩堰流；当溢流宽度小于上游渠道宽度，或堰顶设有边墩及闸墩时，都会引起水流的侧向收缩，降低过流能力，这种堰称为有侧收缩堰。

一、实验目的

(1) 了解堰的分类，分析影响堰流的因素。

(2) 观察实用堰和宽顶堰的水流现象，绘出过堰水流的特征图（无侧收缩、自由溢流）。

(3) 测定宽顶堰的流量系数。

二、实验原理

现以图 10－1 为例，应用能量方程来推求堰流计算的基本公式。

以堰顶为基准面，对堰前断面 0—0 和堰顶断面 1—1 列出能量方程。其中 0—0 断面为渐变流断面，而 1—1 断面由于流线弯曲水流属于急变流。过水断面上测压管水头不为常数，故用 $\overline{(z+\frac{p}{r})}$ 表示 1—1 断面测压管水头的平均值。由此可得

$$H+\frac{\alpha_0 v_0^2}{2g}=\overline{(z+\frac{p}{r})}+\frac{\alpha_1 v_1^2}{2g}+\zeta\frac{v_1^2}{2g} \tag{10-1}$$

令

$$H_0=H+\frac{\alpha_0 v_0^2}{2g};\quad \varphi=\frac{1}{\sqrt{\alpha_1+\zeta}};\quad \overline{\left(z+\frac{p}{r}\right)}=\xi H_0$$

则

$$v_1=\varphi\sqrt{2g(1-\xi)H_0} \tag{10-2}$$

式中，φ 为流速系数；H_0 为堰上全水头；v_0 为堰前行近流速；v_1 为 1—1 断面的平均流速；ζ 为局部阻力系数，ξ 为反映堰顶断面压强分布的修正系数。

因为堰顶过水断面一般为矩形，设其断面宽度为 b，1—1 断面的水舌厚度为 kH_0，k 为反映堰顶水流垂直收缩的系数。则 1—1 断面的过水面积 kH_0b，通过流量 Q 为

$$Q=kH_0b\varphi\sqrt{1-\xi}\sqrt{2gH_0} \tag{10-3}$$

令 $m=k\varphi\sqrt{1-\xi}$，称为堰的流量系数，则式(10－3) 变为

$$Q=mb\sqrt{2g}H_0^{3/2} \tag{10-4}$$

式(10－4) 即为堰流计算的基本公式。对堰顶过水断面为矩形的薄壁堰流、实用堰流和宽顶堰流，都是适用的。

考虑到下游水位的淹没作用和侧收缩的影响，可以在式(10－4) 中乘以淹没系数 σ 和侧收缩系数 ε，则流量计算公式为

$$Q=\sigma\varepsilon mb\sqrt{2g}H_0^{3/2} \tag{10-5}$$

由上面的推导可以看出，影响流量系数的主要因素是 $m=f(\varphi,k,\xi)$，其中 φ 主要反映局部水头损失的影响；k 反映了堰顶水流垂直收缩的程度；ξ 则为堰顶断面平均测压管水头与堰上全水头之比的比例系数。显然，所以这些因素除与堰上水头 H 有关外，还与堰的边界条件，例如堰高 P 以及堰顶进口边缘的形状有关。所以，不同类型、不同高度的堰，其流量系数各不相同。流量系数 m 一般要通过实验来确定。

三、宽顶堰流

当堰顶水平且 $2.5<\dfrac{\delta}{H}<10$ 时，在进口处形成水面跌落，堰顶范围内产生一段流线近似水平堰顶的流段，这种堰即为宽顶堰。

公路上的小桥和无压力涵洞与无槛宽顶堰的作用相类似。无槛宽顶堰是宽顶堰的堰高 $P=0$ 的特殊情况，它的水面变化是由于渠道宽度突然缩小而引起的。水利工程中的分洪闸、泄水闸，灌溉工程中的进水闸、排水闸等，当闸门全开时都具有宽顶堰的水力性质。

宽顶堰上的水面形状与堰顶厚度（沿水流方向计量）和下游的水深等有关，如图 10－2 所示，对于自由出流：

(1) 当 $\delta=2.5H\sim4H$ 时，水面连续下降，如图 10－2(a) 所示。

(2) 当 $\delta=4H\sim10H$ 时，在距进口不远处形成一个收缩断面，这一断面的水深略小于临界水深，流速增大，势能转化为动能，水位发生一次跌落，此后水面为 c_0 型曲线，水深逐渐增大，直至距出口约 $(3\sim4)h_K$ 处，水面经堰槛末端形成第二次跌落，如图 10－2(b) 所示。这是宽顶堰中比较典型的一种堰流，称为标准宽顶堰的堰流。

(3) 当 $\delta=10H\sim15H$ 时，由于堰顶上的摩阻力增大，出现波状水跃，随堰顶的宽度不同，水跃可能移至收缩断面处，如图 10－2(c) 所示，宽顶堰的水流特点减少，明渠水流的特点增加。

(4) 当 $\delta>15H$ 时，堰顶上的摩阻力进一步增大，水跃将被淹没，堰顶上的水面为 b_0 型曲线，这时除进出口附近水面变化较剧烈外，中间部分的水深变化很小，可以近似地按明渠渐变流计算。

可见，取 $2.5<\dfrac{\delta}{H}<10$ 作为宽顶堰的确定范围，是较为合理的。

宽顶堰下游的水位升高时，对堰顶的水流有一定的影响。以标准宽顶堰为例，当下游水位在 $K-K$ 线（临界水深线）以下时，对堰顶上的水流没有影响；当水位升高超过 $K-K$ 线时，则在堰的出口附近形成波状水跃，如图 10－2(d) 所示；当水位继续升高，水跃逐渐向收缩断面移动，直至将收缩断面淹没，如图 10-2(e) 所示；当水位继续上升达到比较高的时候，因为堰顶的流速比下游大一些，则在堰顶末端的下游，水面突然升高，如图 10-2(f) 所示，这种现象称为反弹。

宽顶堰的流量系数 m 取决于堰顶的进口形式和堰的相对高度 $\dfrac{P}{H}$，可用经验公式计算。

当 $0\leqslant\dfrac{P}{H}<3$，堰顶进口为直角的宽顶堰，即

$$m = 0.32 + 0.01 \frac{3 - \frac{P}{H}}{0.46 + 0.75 \frac{P}{H}} \tag{10-6}$$

对堰顶进口为圆角的宽顶堰，即

$$m = 0.36 + 0.01 \frac{3 - \frac{P}{H}}{1.2 + 1.5 \frac{P}{H}} \tag{10-7}$$

当$\frac{P}{H} \geqslant 3$时，m可视为常数，直角进口$m = 0.32$；圆角进口$m = 0.36$。

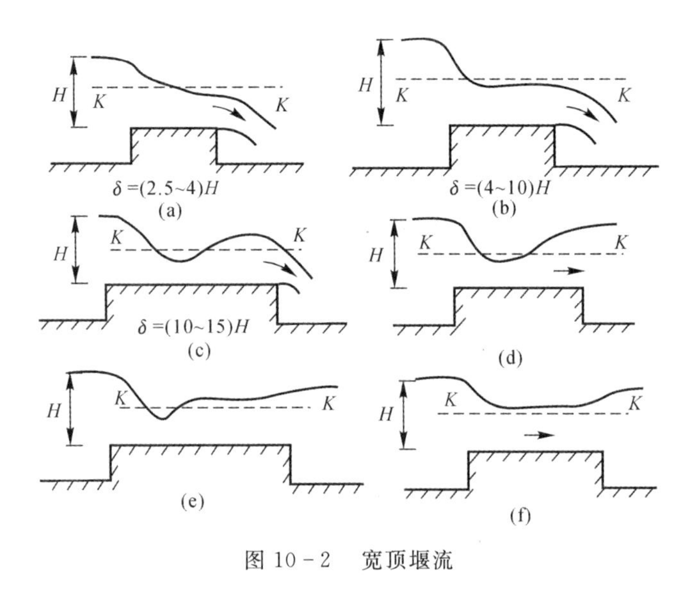

图 10-2　宽顶堰流

四、堰流流量系数测定实验的仪器设备

实验设备和仪器如图10-3所示。实验设备为自循环实验水槽，包括供水箱、水泵、压力管道、上水调节阀门、消能罩、稳水道1、稳水道2、实验水槽、实用堰、薄壁堰、宽顶堰、下游水位调节阀门、稳水栅和回水系统。实验仪器为活动水位测针、钢板尺、量水堰或文丘里流量计。

五、实验步骤

(1) 记录有关参数(堰高P、堰顶宽度b、实用堰或宽顶堰的堰顶测针零点读数)。

(2) 打开水泵电源开关，并逐渐打开上水调节阀门，使流量达到最大。

(3) 依次观察薄壁堰流、实用堰流和宽顶堰流的水流特征。

(4) 待水流稳定后，量测实用堰或宽顶堰堰上水头H。如用量水堰测量流量，用测针测出堰上水面的测针读数，再减去量水堰的堰顶测针读数即得堰上水头，然后代入有关公式(见附录1)计算流量。

(5) 改变进水阀门开度，即改变流量，重复第(3)步和第(4)步的测量步骤N次。

（6）实验结束后将实验设备恢复原状。

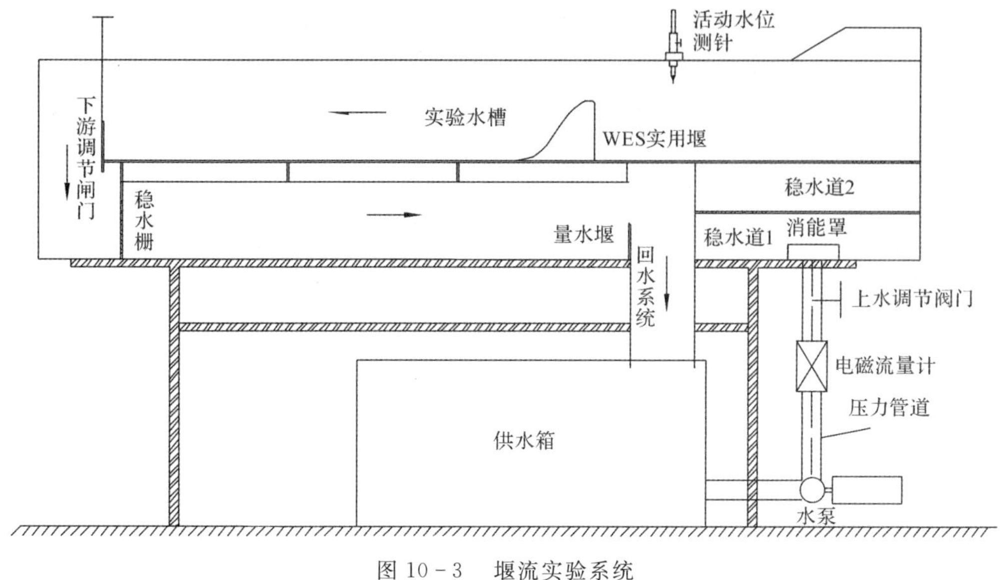

图 10－3　堰流实验系统

六、数据处理和成果分析

实验设备名称：＿＿＿＿＿＿＿＿＿＿＿＿　　仪器编号：＿＿＿＿＿＿＿＿＿

同组学生姓名：＿＿＿＿＿＿＿＿＿＿＿＿＿＿＿＿＿＿＿＿＿＿＿＿＿＿＿

已知数据：宽顶堰堰宽 $b=$ 　　cm；堰高 $P_1=$ 　　cm；堰顶测针读数 　　cm；

量水堰的堰宽 $b=$ 　　cm；堰高 $P_2=$ 　　cm；堰顶测针读数 　　cm；

量水堰流量计算公式：

1. 实验数据及计算成果

测次	宽顶堰测量参数		量水堰测量参数		实测流量 $\frac{Q}{cm^3/s}$	宽顶堰流量系数计算				
	水面测针读数 $\frac{}{cm}$	堰上水头 $\frac{H}{cm}$	水面测针读数 $\frac{}{cm}$	堰上水头 $\frac{h}{cm}$		$\frac{v_0}{cm/s}$	$\frac{v_0^2/2g}{cm}$	$\frac{H_0}{cm}$	$\frac{b\sqrt{2g}H_0^{3/2}}{cm^3/s}$	m

2. 实验成果分析

(1)用实测流量 Q、宽顶堰的堰上水头 H、堰高 P_1 和堰宽 b 计算堰前行近流速 $v_0=Q/[b(H+P_1)]$。

(2) 计算堰上总水头 $H_0=H+v_0^2/2g$。

(3) 将 Q,b,H_0 代入式(10-4) 反求流量系数 m。

(4) 利用经验公式(10-6) 或式(10-7) 计算宽顶堰流量系数 m。并与反推流量系数 m 进行数值比较。

(5)点绘流量系数与堰上水头的关系曲线,分析流量系数的变化规律。

七、注意事项

(1)每次测量时水流一定要稳定,即在调节上水阀门后须等待一定的时间,待水流稳定后方能测读数据。

(2)测量时要保证堰流为自由出流,所以实验水槽下游的调节阀门要全部打开。

(3)堰顶水深不可太小,否则流量系数的规律可能不一样。

八、思考题

(1)如何推导堰流公式,所选堰顶断面水流属于渐变流吗?

(2)影响流量系数的因素有哪些?

(3)标准宽顶堰水流(自由流)为什么会有两次水面跌落?

实验十一　小桥、涵洞水流实验

公路在跨越河沟、溪谷和灌溉渠道时，需修建各种排水构造物，其中以小桥、涵洞居多。一般在平原区每千米约1～3座，山区约3～5座。桥涵分类标准见表11-1。

表11-1　桥涵分类表

中国公路桥梁涵洞按跨径分类			中国铁路桥梁按桥梁长度分类	
分类	多孔跨径总长 L/m	单孔跨径 l/m	分类	桥梁长度 L/m
特大桥	$L \geqslant 500$	$l \geqslant 100$	特大桥	$L > 500$
大桥	$L \geqslant 100$	$l > 40$	大桥	$100 < L \leqslant 500$
中桥	$30 < L < 100$	$20 \leqslant l < 40$	中桥	$20 < L \leqslant 100$
小桥	$8 \leqslant L \leqslant 30$	$5 \leqslant l < 20$	小桥	$L \leqslant 20$
涵洞	$L < 8$	$l < 5$		

对于圆管涵及箱涵不论管径或跨径大小、孔数多少，均称为涵洞。

一、实验目的和要求

(1)演示并观察小桥、涵洞内及其上下游的水流形式和水流变化。

(2)将小桥、涵洞水流形式与宽顶堰水流形式分析对照。

二、实验原理

1. 通过小桥水流图示

小桥的水流图式与无槛宽顶堰相同，可采用宽顶堰理论作为小桥水力计算的理论依据。

当桥孔压缩河槽时，水流受到桥头路堤和墩台的挤束，桥前水位抬高，产生壅水，桥下水面降低，出现收缩断面。

小桥桥下河槽一般都进行铺砌加固，不会冲刷。根据桥下收缩断面水深是否完全被下游水深淹没，分为自由式出流与淹没式出流两种水流图式。

如图11-1所示，水流进入桥孔后，在进口附近产生收缩断面，其水深 $h_c < h_K$（h_K 为桥孔中的临界水深）。当 $h_t \leqslant 1.3h_K$ 时，产生自由式出流；当 $h_t > 1.3h_K$ 时，发生淹没式出流。

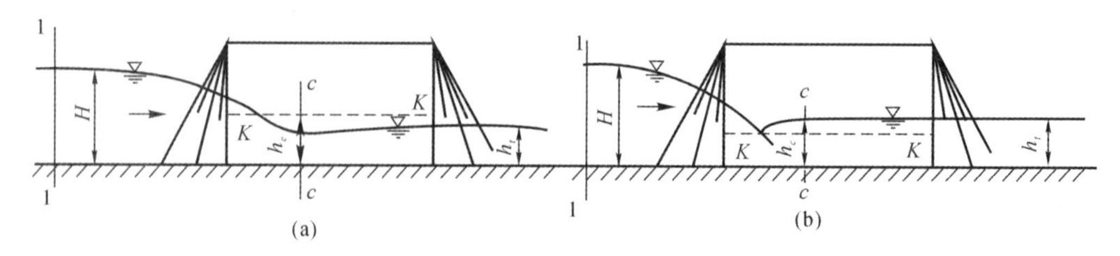

图 11-1　小桥水流图式

(a) 自由式出流；(b) 淹没式出流

2. 水流通过涵洞水流图示

涵洞孔径小，孔道长，涵前水深可高于进口，洞内水流可呈有压流与无压流；对于无压涵洞，其泄流特性还与洞长、底坡及涵洞的断面形状、尺寸、材料等因素有关。因此，涵洞的水流图式比小桥复杂。

根据涵洞进水口的型式与涵前水头高低，可将涵洞的水流图式分为无压力式、半压力式和压力式三种(见图 11-2)。

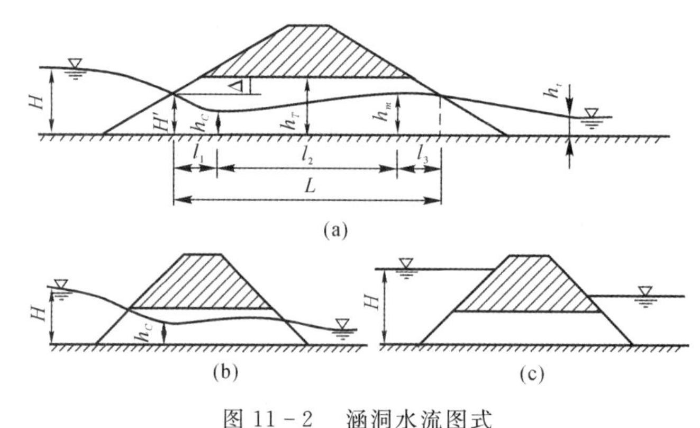

图 11-2　涵洞水流图式

(a) 无压力式涵洞；(b) 半压力式涵洞；(c) 压力式涵洞

(1) 无压力式涵洞。涵洞入口水深小于涵洞高度，在涵洞全长范围内水面都不触及洞顶，具有自由水面的涵洞称为无压力式涵洞。公路设计中最常采用的涵洞类型，如图 11-2(a)所示。

设涵前水深为 H，下游水深 h_t，涵洞净高为 h_T，则无压力式涵洞要求：

1) $h_t < h_T$；

2) 对于普通进水口(包括端墙式、八字式、平头式等)，$H < 1.2h_T$；对于流线形进水口(包括喇叭形、抬高式等)，$H < 1.4h_T$。

涵洞的孔径一般比涵洞上下游河道的水面宽度要窄得多，水流进入涵洞时水面急剧降落而在进口以后不远处形成一个收缩断面，收缩断面以前的涵洞与无槛宽顶堰相同。收缩以后的涵洞，可看作明渠。因为涵洞底坡 i 一般都大于零，当 $i=0$ 时为平坡涵，涵洞内易积水，影响路基稳定，工程中尽量避免采用。

(2) 半压力式涵洞。对于普通进口的涵洞，当下游洞口不淹没，涵前水深 $H > 1.2h_T$ 时，仅涵洞进口被水流淹没，称为半压力式涵洞，如图 11－2(b) 所示。水流进入涵洞时，水面从洞顶脱离并急剧降落，约在进口后 $2h_T \sim 3h_T$ 处形成收缩断面，它的水深小于临界水深，约等于涵洞高度的 60%，收缩断面以前的水流与闸门下的出流相同，收缩断面以后的水流，属于明渠非均匀流。对于流线型进口，一般不出现半压力式水流图式。

半压力式涵洞，当底坡 $i < i_K$ 时，涵洞收缩断面以后形成波状水跃，波动的水面与洞顶断续接触，使收缩断面顶部的压强断续出现真空，这种水流很不稳定，工程上一般要避免。当底坡 $i \geqslant i_K$ 时，涵洞收缩断面以后的水流与无压力式涵洞类似，水面是 c_2 或 b_2 型曲线，当涵洞很长时可出现一段均匀流。

(3) 压力式涵洞。压力式涵洞是水流淹没涵洞进出口，整个涵洞的断面都充满水，无自由水面，整个洞身呈有压力状态，其水流图式与水力学中的短管出流的水力状态相似。半压力式及压力式涵洞只在特殊情况下才采用。

对流线型进口的涵洞，当涵前水深 $H > 1.4h_T$ 时，且涵洞底坡不大或下游洞口淹没时才能形成。对进口不升高的涵洞，当进出口都淹没且涵洞很长时，也有可能形成压力式水流。但这种情况下水流很不稳定，工程上仍按半压力式计算。

下游洞口淹没的涵洞，由于上下游水头差一般不大，因而涵洞的泄水能力不大。下游水位比涵洞顶低时，出口断面的水面可能脱离洞顶而形成半压力式水流。为了保证全断面充满水，应使涵洞的底坡不大于摩擦坡。摩擦坡是涵洞的均匀流水深恰好等于涵洞高度时所具有的底坡。若 $i \geqslant i_w$，水流沿流程因重力而获得的能量将大于摩擦阻力所消耗的能量，洞内离进口不远处的流速即增大到使水流脱离洞顶而形成自由水面，使泄水能力降低。

三、实验设备和仪器

实验设备同水跃实验。玻璃实验水槽、小桥和涵洞有机玻璃模型，调整小桥、涵洞下游水深用的闸门等。

四、实验步骤

(1) 在玻璃演示水槽内放置小桥有机玻璃模型，打开进水阀门，并调整尾门使小桥出口水面降低，使小桥桥下为自由出流。观察小桥进口，桥下水深及小桥出口水流与下游水流的衔接。

(2) 关小尾门开启度，使小桥下游水深增加，逐渐形成小桥淹没出流，观察变化过程和淹没出流的现象。

(3) 把小桥模型从演示水槽中取出，置入涵洞模型，调整尾门开启度，观察涵洞出口下游水流的变化和涵洞内水流进口段，中间段和临近出口段的水面曲线变化。

(4) 改变水槽坡度，涵洞底坡也随之改变，观察洞内水面曲线的变化。

五、思考题

(1) 小桥和涵洞水流现象有何异同?

(2) 分析涵洞底坡 i 小于临界坡 i_K 时，涵洞内的水面曲线。

附　　录

附录 1　水流参数的测量

一、水位测量

在水力学实验和科研中，经常需要测量水位。随水流的运动状态不同，水面状况也不同，有的平稳，有的波动。除此之外，还有掺入空气的水面和土壤中浸润水面等。为了测定上述各种水面就必须针对其不同特点采用不同的测量方法。水力学室内实验常进行恒定流测量，因此下面介绍几种恒定水位的测量方法。

1. 测尺法

直接用在水中立标尺的方法测量水位。由于表面张力影响，此法精度较低，在实验室中很少使用。

2. 测压管法

在液体容器壁上开一个小孔，将液体引到一个透明玻璃管内，按照连通管等压面原理，在玻璃管内液面与容器内同高，利用测压管旁边安装的标尺测量管内液体。

测压管内径一般在 10 mm 左右为宜，以免由于毛细管现象的影响使读数不准。

3. 水位测针

实验室内最常用的水位测量仪器，其构造简单，使用方便，附图 1 - 1 所示为一种国产数显水位测针。测针支座固定，测杆在套筒中可以上下移动，另有一套微动机构，转动微动轮使其微量移动，直到针尖刚好接触水面，测杆旁套筒上装有一个最小读数为 0.1 mm（也有 0.05 mm）的游标。

使用时常将测针固定在测架上，直接测量水位。也可以用一个测针筒将水引出，测量筒内水位，这样做可以使水面平稳，测量精度较高。

使用测针注意事项：

（1）测针尖勿过于尖锐，过尖易碰弯或碰断，也不宜过粗，以免表面吸附作用影响测量精度，一般针尖半径以 0.25 mm 为宜。

（2）测量水位时测针尖应从水面上方下落，逐步接近水面，否则会因表面张力引起误差。

（3）当水位有波动时应测量最高和最低水位多次，然后取其平均值作为平均水位。

（4）应经常检查针尖有无松动，零点有无变动，以便及时校准。

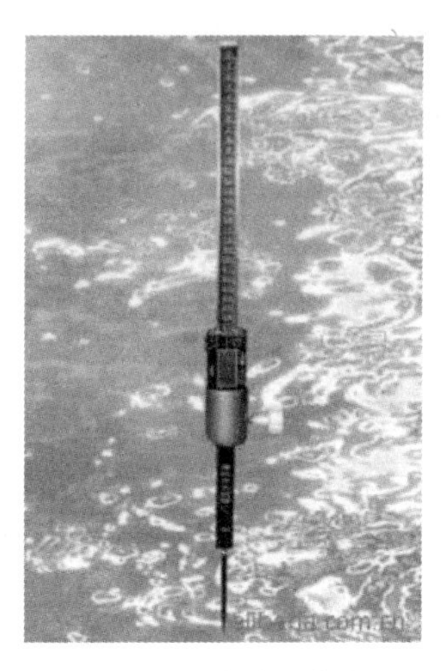

附图 1－1　国产数显水位测针

二、流速测量

量测流速的方法很多，下面介绍常用的几种测速方法。

1. 毕托管法

毕托管是实验室中最常用的测量流体点流速的仪器，1732 年由亨利·毕托（Henri Pitot）首创这种仪器，经过 200 多年的不断改进，其类型已有多种，但其基本原理都是根据动能转化成势能，测出势能后反过来推算出流速。

毕托管构造如附图 1－2 所示。由图中可以看出，毕托管是一根细弯管，其前端和侧面均开有小孔，当需要测量水中某点流速时，将弯管前端（动压管）置于该点并正对水流方向，侧面小孔（静压管）垂直于水流方向。前端小孔和侧面小孔分别由两个不同的通道接入两根测压管，测量时只需要测出两根测压管的水面差，即可求出所测测点的流速。设 A，B 两点的距离很近，流速都等于 u，现将毕托管前端置于 B 点，B 点的流速为零，该点的动能全部转化成势能，使得管内水面升高 Δh。对 A，B 两点写能量方程为

$$\frac{p_A}{\gamma}+\frac{u^2}{2g}=\frac{p_B}{\gamma} \tag{1-1}$$

由图中可以看出

$$\frac{u^2}{2g}=\frac{p_B}{\gamma}-\frac{p_A}{\gamma}=\Delta h \tag{1-2}$$

由式（1－2）解出

$$u=\sqrt{2g\Delta h} \tag{1-3}$$

考虑 A，B 两点测的不是同一点上的能量，同时考虑毕托管放入水流中所产生的扰动影响，需对式（1－3）加以修正，即

$$u=\mu\sqrt{2g\Delta h}$$

式中，μ 为毕托管流速校正系数，一般约为 $0.98\sim1.0$。Δh 为差压计上显示的压差（水柱高度）。

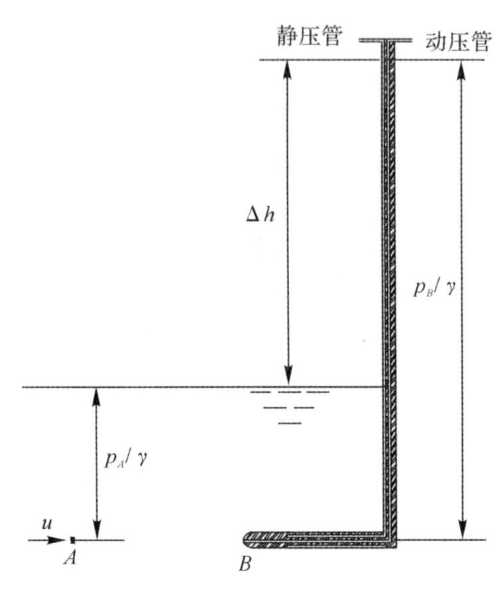

附图 1-2　毕托管测流速示意图

2. 流速仪法

用于测定水流速度的仪器。下面介绍一种小型光电旋桨式流速仪。

光电旋桨式流速仪由传感器和计数器组成。

(1) 光电传感器。传感器由旋桨、光源小灯珠、导光纤维、光敏三极管、四芯电缆组成。

接通电源后，小灯珠的光聚焦后通过导光纤维传到旋桨上，旋桨叶片上装有反光镜片，当其转动一圈，将有一次反射光经导光纤维传到光敏三极管，光敏三极管将产生一个脉冲信号，经过放大滤波后输入计数器进行计数。流速越大，旋桨转速越快，脉冲信号频率越大，即流速和频率之间存在一定比例关系。所以，测得频率即可计算流速。

(2) 计数器。计数器用来定时和计数。

三、压强测量

压强大小是表征水流运动状态的主要参数，在水力学和水工模型实验中，常需要量测液体压强。量测压强可采用压力表、液体测压计和非电量量测法。下面介绍实验室通常采用的液体测压计。

1. 测压管

测压管是一根直径为 10 mm 左右的玻璃管，一端用软管和测点引出管相连接，另一端与大气相通，如附图 1-3 所示。

如果测压点 A 的压强大于大气压，则玻璃管液面将上升 h 高度，利用所设置的标尺就可以读取 h 的数值。A 点的相对压强 $p=\gamma h$。

如果 A 点的压强比较小，为了提高精度，把测压管装成倾斜位置，使测压管对水平线有一个倾斜角度 α，如附图 1-4 所示，测点 A 压强为

$$p_A=\gamma h=\gamma l\sin\alpha$$

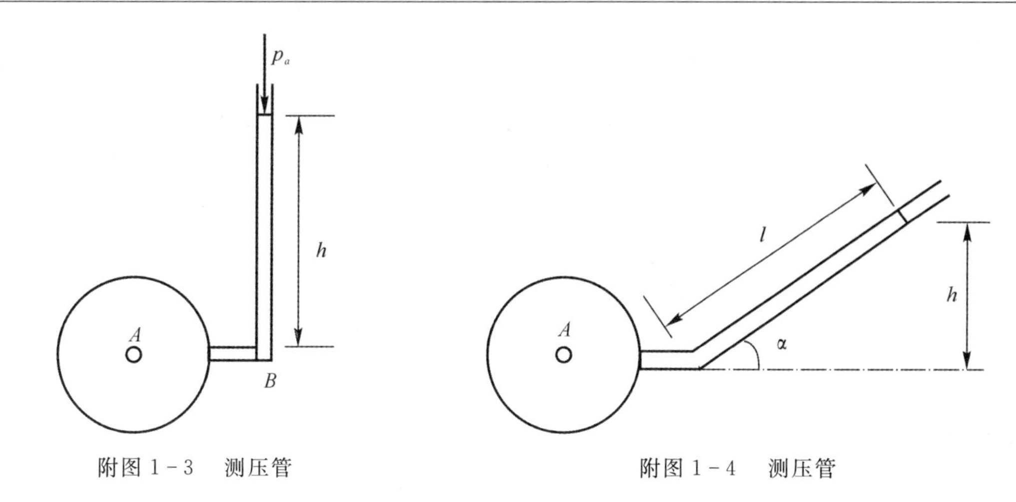

附图 1-3　测压管　　　　附图 1-4　测压管

2. U 形水银测压计

当被测压强较大时，使用测压管量测时测压管高度过高，从而使量测不方便，这时可以改用较重的液体作为测压管使用的介质，其重度 $\gamma_m > \gamma$ 并将测压管做成 U 形，如附图 1-5 所示。为求 A 点的压强 p_A 先找出 U 形管中的等压面 1—1，则根据平衡条件有

左侧：
$$p_1 = p_A + \gamma b$$

右侧：
$$p_1 = \gamma_m h$$

所以
$$p_A + \gamma b = \gamma_m h$$

则
$$\frac{p_A}{\gamma} = \frac{\gamma_m}{\gamma} h - b$$

量测出 b 和 h 两个高度后，即可求出 A 点的压强。

3. 水银差压计

水银差压计用来测量较大的压强差和水头差，如附图 1-6 所示。

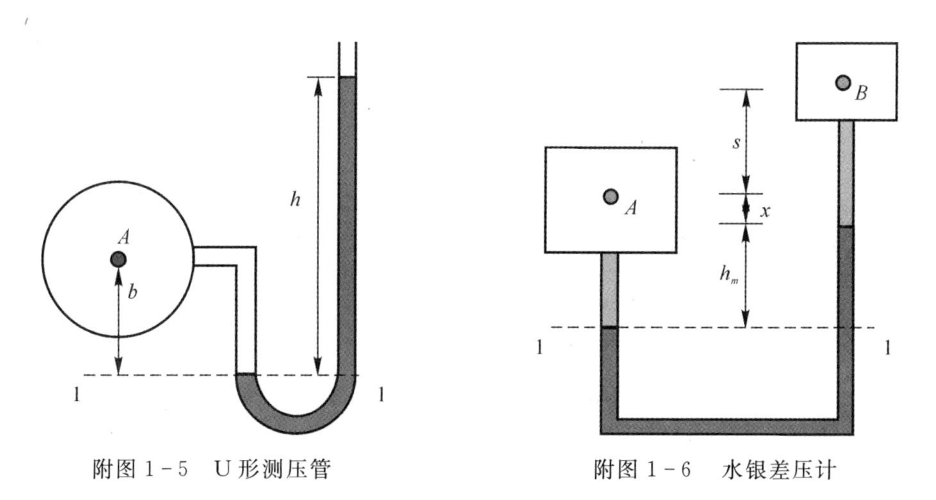

附图 1-5　U 形测压管　　　　附图 1-6　水银差压计

如果 A，B 处的液体重度为 γ，水银重度为 γ_m，水银柱高度为 h_m，则等压面 1—1，根据平衡条件有

左侧：
$$p_1 = p_A + \gamma(h_m + x)$$

右侧： $p_1 = p_B + \gamma(s + x) + \gamma_m h_m$

则 $p_A - p_B = \gamma s + (\gamma_m - \gamma) h_m$

如果 A，B 同高

则 $s = 0$ $p_A - p_B = (\gamma_m - \gamma) h_m$

四、流量的量测

在科学实验和工业生产中都要求对流体流量进行量测，被测量的流体有气体、液体、混合流体，有低黏度液体又有高黏度液体，液体所处温度和压力都不尽相同，因此有各种测流方法和测流仪器。

就量测方法可分为直接量测和间接量测两种。直接量测用于测小流量，量出液体的总体积（或重量）与时间，即可算出流量，此法比较简单可靠。间接量测法利用量水设备的水位或压差，通过一定的公式计算出流量。非电量量测也是属于间接量测，电测法流量计大多是将水位或压差转换成电信号，再由电量换出流量。以下就水力学常用的间接测流量方法和量测仪器加以介绍。

1. 明渠水流流量量测 —— 量水堰

量水堰属于堰槽类量水仪器，水力学和水工模型实验常用它来量测流量，其基本原理是根据堰上水头与流量之间存在一定的关系，故测得水头就可算出流量。根据堰口形状可分为三角堰、矩形堰、全宽堰、梯形堰等，如附图 1－7 所示。

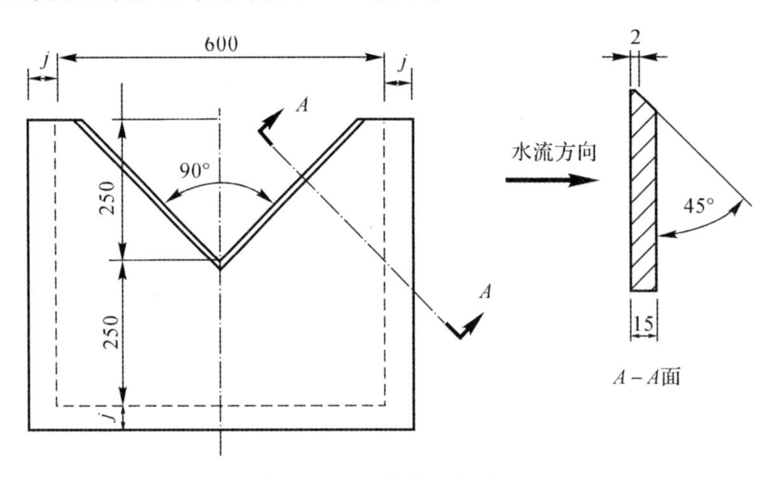

附图 1－7 直角三角形堰

流量的一般计算公式为

$$Q = CBH^n$$

式中，Q 为流量；B 为堰宽；H 为堰上水头；C 为流量系数，由实验或经验公式确定；n 为指数，由堰口形式决定，如矩形堰 $n = \frac{3}{2}$、三角堰 $n = \frac{5}{2}$ 等。

下面介绍矩形堰和三角堰的流量计算公式。

(1) 矩形量水堰流量公式

$$Q = m_0 b\sqrt{2g}H^{\frac{3}{2}}$$

式中，m_0 为流量系数，需要通过实验确定，也可用经验公式计算，但要注意公式适用条件。

雷伯克(Rehbock) 公式：

$$m_0=\frac{2}{3}\left(0.605+\frac{0.001}{H}+0.08\frac{H}{P}\right)$$

式中，H 为堰上水头；P 为堰高，单位均以 m 计，适用条件：

$$B=b,\quad H\geqslant 0.025\ \mathrm{m},\quad \frac{P}{H}\leqslant 2,\quad P\geqslant 0.3\ \mathrm{m}$$

(2) 三角形量水堰流量公式

对于直角三角形量水堰，其流量计算公式为

$$Q=CH^{\frac{5}{2}}$$

式中，C 为流量系数，随堰高 P、堰宽 B 和水头 H 变化而有所不同。

日本绍知黑川源泽经验公式：

$$C=1.354+\frac{0.004}{H}+\left(0.14+\frac{0.2}{\sqrt{P}}\right)\left(\frac{H}{B}-0.09\right)^2$$

式中，B 为堰前水槽宽度(m)，$B=0.44\sim 1.88$ m；P 为堰高，$P=0.01\sim 0.75$ m，$H=0.07\sim 0.25$ m。

南京水科院对于直角三角形堰上水头和流量关系进行了校正，经验公式为

$$Q=1.33H^{2.465}$$

式中，H 以 m 计，Q 以 $\mathrm{cm^3/s}$ 计。

当流量较小时，还可用锐角三角形量水堰，如 60° 和 45° 量水堰。60° 量水堰的流量公式为

$$Q=8.85H^{2.4705}$$

式中，H 以 cm 计，Q 以 $\mathrm{cm^3/s}$ 计。

三角形量水堰精度高于矩形量水堰，常用来测量较小的流量。

2. 有压管道中流量量测 —— 文丘里流量计

文丘里流量计属节流式(差压计) 量水计，当管中有流体通过时，量水计显示出压强差，压强差的大小和流量之间存在着一定关系，由能量方程和连续方程可推导出流量公式为

$$Q=\mu A_2\sqrt{\frac{2gh}{1-\left(\frac{d_2}{d_1}\right)^4}}$$

式中，μ 为流量系数，由实验确定，一般为 $0.95\sim 0.98$；d_2，A_2 为喉管的直径和断面面积；d_1 为管道的直径；h 为量水计压强差。

文丘里流量计的流量调节简捷、安装方便，不占场地，应用广泛。其缺点是测流范围小，精度不及量水堰。详见实验四。

附录 2　误差分析

一、量测误差的基本概念

1. 量测方法的分类

量测是一种认识过程，就是用实验的方法，将被测的物理量与所选用作为单位的同类量进

行比较，从而确定它的大小。在水力学的研究中，各种水力要素的量测是很重要的，水力学本身的发展过程也证明，由于水力要素量测技术的改进与精度的提高，对促进水力学学科的发展起到很重要的作用。

按照得到量测结果的方式，可以把量测工作分为直接量测与间接量测两大类。

(1)直接量测。直接量测是用已按标准量定好刻度的测量仪器对未知量进行量测，从而得出未知量的数值，如用测针量测水位、用体积法量测流量等。

(2)间接量测。间接量测是通过直接量测得出的数据，再按一定的函数关系，通过计算才能确定的物理量。例如在量测某一断面的平均流速及过水面积之后，用二者的乘积算出流量。另外，间接量测中还包括非电量电测法、光学法、声学法等。当遇到直接量测很不方便或缺乏直接量测的仪器时，常常需要进行间接量测。

按被测量物理量在量测过程中是否随时间而变化，可把量测工作分为静态量测和动态量测。

(1)静态量测。静态量测是指在量测过程中，被测物理量不随时间而变化，或者变化很慢，所以又称稳态量测。

(2)动态量测。动态量测是指在量测过程中，被测物理量随时间作不规则的变化或周期性的变化，所以又称瞬态量测。

水力学实验，不管进行直接量测或间接量测、静态量测或动态量测，所测得的数据都会含有误差，误差的大小直接影响实验成果的精确度。

2. 误差的来源

量测误差简称误差，指的是用量测仪器进行量测时，所测得的数值与被测的真值之间的差。它是量测仪器本身的误差以及量测的辅助设备、量测方法、外界环境、操作技术等带来误差等因素共同作用的结果。

仪器误差是由于仪器本身性能不完善所产生的误差。主要包括仪器校准误差、刻度误差、读数分辨率不高导致的误差、读数调节机构不完善导致的误差以及仪器的工作点不稳定、零点漂移、接触不良等导致的误差。

量测方法误差又称理论误差，是由于量测时所用的方法不完善、或所依据的理论不严密、或对某些经典的方法作不适当的简化或修改，以及对被量测的物理量定义还不够明确等所产生的误差。

外界环境误差是指由于仪器受到外界温度、湿度、气压、机械振动等的影响所产生的误差。

操作技术误差又称使用误差，是指在使用仪器过程中，由于安装、布置、调节、使用不当所导致的误差。若严格遵守技术操作规程，提高实验技巧可减小这种误差。

了解误差基本知识的目的在于分析这些误差产生的原因，以便采取一定的措施，最大限度地消除，同时科学地处理测量数据，使测量结果最大限度地反映真值。因此，由各测量值的误差积累，计算出测量结果的精确度，可以鉴定测量结果的可靠程度和测量者的实验水平；根据生产、科研的实际需要，预先定出测量结果的允许误差，可以选择合理的测量方法和适当的仪器设备；规定必要的测量条件，可以保证测量工作的顺利完成。

3. 误差表示方法

(1)绝对误差。量测一个物理量后，测量值与真值之差，称为误差，即误差＝测量值－

真值。

真值是在某一时间和空间状态中体现某一物理量的客观值。一般说来，真值是未知的，它是一个理想的值，为了实用方便，常把下列值作为真值。

1）理论真值：数学上的公理或由数学方法推导的理论公式所计算出的值作为理论真值。例如：平面三角形内角之和为 180°，计算突然扩大管道的局部水头损失系数为 $\zeta=\left(1-\frac{A_1}{A_2}\right)^2$。

2）标准仪器相对真值：当高一级标准仪器的误差与低一级仪器或普通仪器误差之比为 1/5 时，则前者的量测值可作为后者的真值，称为相对真值。

3）近似真值：用同级仪器对某一物理量量测无限多次求得的平均值，近似作为该物理量的真值。

在实际工作中，经常使用修正值，即

$$修正值=真值-测量值$$

（2）相对误差。绝对误差与被量测物理量真值之比称为相对误差，也可近似地用绝对误差与测量值之比作为相对误差，即

$$相对误差=\frac{绝对误差}{真值}\approx\frac{绝对误差}{测量值}$$

相对误差是无量纲的数值，通常以百分数（%）来表示。

（3）引用误差。引用误差是一种简化的和使用方便的相对误差，常常在多挡和连续刻度的仪器仪表中应用。这类仪器仪表可量测范围是一个量程，各刻度点的值称为示值，该值与其对应的真值都不一致，为了计算和划分准确度等级方便，一律使用引用误差，即

$$引用误差=\frac{示值误差}{满刻度值}$$

在选择水力学实验的仪表时，通常是根据引用误差来进行的。

（4）精密度、准确度与精确度。为了表示误差，工程上引入了精密度、准确度和精确度的概念。精密度是指在量测中所测数值重复一致的程度。准确度是指量测结果与真值偏离的程度。精密度和准确度是两种不同的概念，不能混为一谈。精密度与准确度的综合指标称为精确度，简称为精度。

4. 误差分类

按照误差的特点和性质，误差可分为系统误差、随机误差和粗大误差三类。

（1）系统误差。系统误差简称系差，是指在一定条件下多次量测时误差的数值保持恒定，或按某种已知的函数规律变化的误差。误差的数值在一定条件下保持不变的误差，称为恒定系差，简称恒差。误差的数值在一定条件下，按某一确定函数变化的误差，称为变值系差，简称变差。系统误差表明一个量测结果偏离真值或实际值的程度，因而有时又称为系统偏差。在误差理论中，常用准确度一词来表征系统误差的大小。两者在数学上具有倒数关系，即系统误差越小，准确度越高。

一般地说，系统误差的出现是有规律的，其产生原因往往是可知或可掌握的。只要仔细观察和研究各种系统误差的具体来源，就可设法消除或降低其影响。

要完全消除系统误差比较困难，但降低系统误差则是可能的。降低系统误差的首选方法是用标准件校准仪器，作出校正曲线。最好是请计量部门或仪器制造厂家校准仪器。其次是

实验时正确地使用仪器，如调准仪器的零点、选择适当的量程、正确地进行操作等。

(2)随机误差。随机误差简称随差，又称偶然误差，它具有随机变量的一切特点，因而是在一定条件下服从统计规律的误差。随机误差的产生取决于量测进行中一系列随机性因素的影响。为了使量测结果仅反映随机误差的影响，量测过程中应尽可能保持各影响团素以及量测仪器、方法、人员不变，即保持“等精度量测”的条件。随机误差表现了量测结果的分散性。在误差理论中，常用精密度一词来表征随机误差的大小。即随机误差越小，精密度越高。

随机误差的出现完全是偶然的，无一定规律性，所以有时称为偶然误差。

(3)粗大误差。粗大误差又称粗差或差错，它指的是那些在一定的条件下量测结果显著地偏离其实际值时所对应的误差。这是由于量测错误或由于疏忽大意造成的错误，从性质上来看，粗差可能具有系统误差的性质，也可能具有随机误差的性质。粗差明显地歪曲了量测结果，含有粗差的量测数据称为反常值或坏值，应剔除不用。

在作误差分析时，要考虑的只有系统误差和随机误差，而粗大误差只要实验安排正确，量测人员专心一致，一般是可以避免的。

系统误差的发现、分析及消除均有一定的方法，只要仔细研究实验方案，反复校准实验仪表就可以使这种误差降至最小。下面将重点讨论随机误差。

二、随机误差及其分布

在测量中，即使系统误差很小和不存在粗大误差，对同一个物理量进行重复测量时，所得的测量值也是不同的，这是由于存在随机误差而影响测量结果。当对同一个物埋量进行足够多次重复测量并计算出误差之后，以横坐标表示随机误差 δ，纵坐标表示各随机误差出现的概率密度，则可得附图 2－1 所示的曲线。从曲线可以看出：

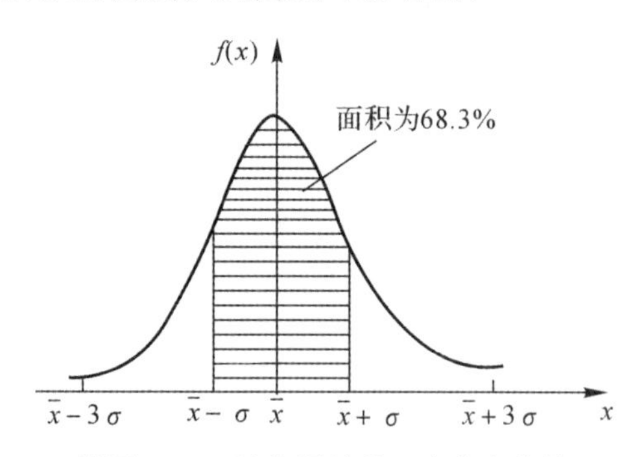

附图 2－1　随机误差的正态分布曲线

(1)随机误差分布具有对称性，即绝对值相等的正负误差出现的概率(机会)相等。多次重复测量的算术平均值 $\bar{x}$ 是待测量物理量的最佳代表值。

(2)曲线形状是两头低、中间高，说明绝对值小的误差比绝对值大的误差出现的机会多，分布具有单峰性。

(3)绝对值很大的误差出现的概率极小，为有界性。

这种曲线称为正态分布曲线。从统计学原理可以说明随机误差服从正态分布。1795 年，高斯(Gauss)推导出它的函数形式，所以，正态分布又称高斯分布。

随机误差的概率密度函数形式为

$$f(x)=\frac{1}{\sigma\sqrt{2\pi}}e^{-\frac{(x-\bar{x})2}{2\sigma2}}\quad(-\infty<x<+\infty)$$

式中，σ 为标准偏差(总体的标准差)，即

$$\sigma=\sqrt{\frac{\sum_{i=1}^{n}(x_i-\bar{x})^2}{n}}$$

由此可见，σ 越小，则绝对值小的随机误差出现的概率(机会)越大，误差分布曲线越尖耸，表现出测量精度越高。σ 越大，则情况相反。因此，为了减小随机误差的影响，在实际测量中常常对被测的物理量进行多次重复的测量，以提高测量的精密度或重演性。标准偏差完全表征测量的精度，在许多测量中都采用它作为评价测量精度的标准。

虽然真值是客观存在的，但由于任何测定都有误差，一般难以获得真值。在实验量测中，实际测得值都只能是近似值，真值是未知的。所以在实际使用中，真值一般是指文献手册上的公认的数值，或用校正过的仪器多次测量所得的算术平均值。通常用一组量测值的算术平均值来代表真值，使之成为可表示的量，即

$$\bar{x}=\frac{x_1+x_2+\cdots+x_n}{n}=\frac{1}{n}\sum_{i=1}^{n}x_i$$

在实际运算中，用有限个测量值与其算术平均值的偏差来代表随机误差。则标准偏差的计算公式为

$$\sigma=\sqrt{\frac{\sum_{i=1}^{n}(x_i-\bar{x})^2}{n-1}}$$

上式称为贝塞尔(Bessel)标准差，是一个近似值或近似标准差，有时也称为样本的标准差。

标准偏差是一个重要的统计参数，但它只考虑绝对偏差的大小，没有考虑测量值大小对测量结果的影响。通常用变差系数作为统计量，即

$$C_v=\frac{\sigma}{\bar{x}}=\frac{1}{\bar{x}}\sqrt{\sum_{i=1}^{n}(x_i-\bar{x})^2/(n-1)}=\sqrt{\sum_{i=1}^{n}(K_i-1)^2/(n-1)}$$

式中，K_i 为模比系数，$K_i=x_i/\bar{x}$ 。

变差系数能较好地代表测量的相对精度，所以将此统计参数称为相对标准差。我国的一些国家标准也有要求，在量测报告中除了要提供算术平均值和标准误差外，还应有相对标准偏差值。

附录 3　实验数据处理

一、有效数字的修约与运算规则

在实验中对量测得到的数据进行处理时，对被测的量用几位数字来表示其大小是一件很重要的事情。认为在一个数值中小数点后面的位数越多就越准确的看法是不全面的。小数点后面的位数仅与所采用的单位大小有关，小数点的位置并不是决定准确度的标准。因此，在量

测与计算的实践中，关于数字位数的取法，应有一个标准，这就是取舍有效数字的规则。

1. 有效数字

一般说来，量测结果的准确度是绝对不能超过仪器分辨的范围的。用普通水银温度计量测大气温度，因为刻度是以度(℃)为单位的，人们的视觉再好也只能估计到下一位数，如14.3℃，如果读出14.33℃，那也是不科学的。因此，水银温度计的有效数字是三位。

量测一个物理量，其读数的有效数字位数应根据仪表的分辨度来定出，一般应保留一位可疑数字，即以仪表最小分格的1/10来估定。此处还应该强调"0"这个数在有效数字中的作用，如水银温度计读数正停在14℃上时，应记为14.0℃，即此时的温度可能是13.9℃，也可能是14.1℃，当然也可能是14℃，如果将此时的温度只记为14℃，那就意味着此时的温度可能是13℃，也可能是15℃；可见这两种表示方法的意义是完全不同的。也有另外一种情况，如某工件的长度为0.003 20 m，它的实际意义是3.20 mm，有效数字是三位，如必须以米为度量单位，则应写成3.20×10^{-3} m，有效数字仍为三位。在0.003 20 m的表示中，小数点后面增加了两个"0"，并不能改变有效数字的位数。通常在这种情况下，采用3.20 mm或3.20×10^{-3} m两种写法。

因此，在确定有效数字时，必须注意"0"这个符号。紧接着小数点后的"0"仅用来确定小数点的位置，不算有效数字。例如，在数字0.000 13中，小数点后的三个"0"都不是有效数字，而0.130中小数点后的"0"是有效数字。对于整数，例如数字250中的"0"就难以判断是不是有效数字了。因此，为了明确表明有效数字，常用指数标记法，可将数字250写成2.5×10^{2}。

2. 有效数字运算规则

从直接量测取得读数以后，还须进行各种运算，运算时应遵循下列法则。

(1)记录量测数值时，只保留一位可疑数字。

(2)一般在表示可疑数字的末位上有±1或±2单位的误差(视量测仪器的最小读数而定)。

(3)有效数字位数确定以后，其余数字一律采用"四舍六入五留双"的法则合并。当末位有效数字后面的一位数正好等于"5"时，如前一位是奇数，则应进一位；如为偶数，则可直接舍弃不计。例如27.024 9，取四位有效数字时应写为27.02，加取五位有效数字则为27.025，但将27.025与27.035分别取四位有效数字时，则应写为27.02和27.04。

(4)书写不带误差的任一数字时，由左起第一个不为零的数一直到最后一个数为止都是有效数字，如常数π，e以及$\sqrt{2}$等的有效数字，需要几位就可以写几位。

由于上述法则而引起的误差称为舍入误差，也叫凑整误差。上述第三条法则使末位成为偶数，不只便于进一步计算，而且可使凑整误差成为随机误差。

(5)在进行加减运算时，应将各数的小数点对齐，以小数位数最少的数为准，其余各数均凑整成比该数多一位。例如：

$$60.4+2.02+0.222+0.046\ 7$$

应写成为

$$60.4+2.02+0.22+0.05=62.69$$

但在做减法时，当相减的数非常接近时，则应尽量多保留有效数字，或量测方法上加以改进，使之不出现两个接近的数相减的情况。

(6)在乘除法运算中,各数保留的位数,以有效数字位数最少的为标准,其积或商的有效数字也依此为准。例如:

$$Y=0.012\ 1\times25.64\times1.057\ 82$$

其中,0.012 1 有效数字位数最少,为 3 位,所以 25.64 和 1.057 82 一律取为 3 位有效数字,故

$$Y=0.012\ 1\times25.6\times1.06=0.328$$

(7)在对数运算中,所取对数数值应与真数的有效位数相等。例如,lg2.345=0.370 1,lg2.345 6=0.370 25。

(8)计算平均数,若为四个或超过四个数相平均,则平均值的有效数字位数可增加一位。

(9)乘方或开方运算时,运算结果要比原数据多保留一位有效数字。例如:$25^2=625$,$\sqrt{4.8}=2.19$。

(10)表示精确度(误差)时,一般只取 1~2 位有效数字。

二、可疑实验数据的剔除

在一组条件完全相同的重复实验中,个别的量测结果可能会出现异常。如量测值过大或过小,这些过大或过小的量测数据都是不正常的,称为可疑数据。对于可疑数据应采用数理统计的方法判别真伪,并决定取舍。常用的方法有拉依达法、肖维纳特法和格拉布斯法等。

1. 拉依达(Райта)法

当实验次数较多时,可简单地用 3 倍标准偏差作为确定可疑数据取舍的标准。即当某一量测数据 x_i 与其量测结果的算术平均值 $\bar{x}$ 之差大于 3 倍标准偏差时,则该量测数据应舍弃,即

$$|x_i-\bar{x}|>3\sigma$$

理由如下:根据随机变量的正态分布规律,$|x_i-\bar{x}|\leqslant3\sigma$ 的概率为 99.73%,出现在此范围之外的概率仅为 0.27%,可能性很小,几乎是不可能。因而在实验中,一旦出现,就认为该实验数据是不可靠的,应将其舍弃。

拉依达方法简单,无须查表,当测量次数较多或要求不高时,使用比较方便。

2. 肖维纳特法(Chauxenet)

肖维纳特法判别数据可以舍弃的标准为

$$\frac{|x_i-\bar{x}|}{\sigma}\geqslant k_n$$

式中,k_n 为肖维纳特法系数,与实验次数有关,可由附表 3-1 查取。

附表 3-1　肖维纳特法系数

n	k_n	n	k_n	n	k_n	n	k_n	n	k_n	n	k_n
3	1.38	8	1.86	13	2.07	18	2.20	23	2.30	50	2.58
4	1.53	9	1.92	14	2.10	19	2.22	24	2.31	75	2.71
5	1.65	10	1.96	15	2.13	20	2.24	25	2.33	100	2.81
6	1.73	11	2.00	16	2.15	21	2.26	26	2.39	200	3.02
7	1.80	12	2.03	17	2.17	22	2.28	40	2.49	500	3.20

肖维纳特法法改善了拉依达法，但从理论上讲，当 $n\to\infty$，$k_n\to\infty$，此时所有异常值都无法舍弃。

3. 格拉布斯(Grubbs)法

在一组测量数据中，按其从小到大的顺序排列，最大项 x_{max} 和最小项 x_{min} 最有可能为可疑数据。为此，根据顺序统计原则，给出标准化顺序统计量 g，即

当最小值 x_{min} 可疑时，则 $$\frac{\bar{x}-x_{min}}{\sigma}=g$$

当最大值 x_{max} 可疑时，则 $$\frac{x_{max}-\bar{x}}{\sigma}=g$$

根据格拉布斯统计量的分布，在指定的显著水平 β(一般取 0.05)下，求得判别可疑值的临界值 $g_0(\beta,n)$，格拉布斯法的判别标准为

$$g\geqslant g_0(\beta,n)$$

当满足上式时，该量测值应予以舍去。格拉布斯系数 $g_0(\beta,n)$ 列于附表 3－2。

附表 3－2　格拉布斯系数 $g_0(\beta,n)$

n	$g_0(\beta,n)$	n	$g_0(\beta,n)$	n	$g_0(\beta,n)$	n	$g_0(\beta,n)$	n	$g_0(\beta,n)$	n	$g_0(\beta,n)$
3	1.15	8	2.03	13	2.33	18	2.50	23	2.62	40	2.87
4	1.46	9	2.11	14	2.37	19	2.53	24	2.64	50	2.96
5	1.67	10	2.08	15	2.41	20	2.56	25	2.66	100	3.17
6	1.82	11	2.24	16	2.44	21	2.58	30	2.74		
7	1.94	12	2.29	17	2.47	22	2.60	35	2.81		

利用格拉布斯法每次只能舍弃一个可疑值，若有两个以上的可疑数据，应该一个一个数据舍弃，舍弃第一个数据后，实验次数减小为 $n-1$，以此为基础再判断第二个可疑数据。

三、实验数据的表示方法

将实验数据合理地表示出来是实验很重要的工作，这样便于分析、比较和应用实验数据。常用的实验数据表示方法有列表表示法、图形表示法和方程表示法三种。

1. 实验数据的列表表示法

实验数据中一般包括自变量和因变量。列表表示法就是将实验数据中的自变量和因变量的各个数值按一定顺序，例如按自变量增加或减少的顺序，一一对应列出，这样列出的表又称为函数表。

列表表示法的优点是简便、易于应用和比较，且不需要特殊的仪器；无需求出变量间的函数关系。

在函数表中，一般应标出序号、变量的名称、符号和单位等。

自变量常列在表的第一栏中，并按数值大小顺序排列，相邻两自变量的差称为间距，间距的大小应选择合适，间距过大，使用过多的内插，以致增大了误差；反之，间距过小，则使量测工作量增大。

2. 实验数据的图形表示法

该法是根据实验数据作图，用曲线图形将实验数据表示出来。

图形表示法的优点是：直观、变量间的趋势和关系一目了然，可将最大值点、最小值点和临界点等重要特征值在图形上表示出来。

根据实验作图，一般包括以下几个步骤：坐标纸的选择，纵横坐标比例尺的确定，坐标轴上变量的标注，然后绘出实验点，根据实验点作曲线以及注释和说明。

(1)坐标纸的选择。应根据具体情况选择坐标纸种类。常用的有等分直角坐标纸，它能适合大多数用途。有时为了方便处理非线性变化规律的数据，也采用半对数坐标纸或双对数坐标纸等。

例如：变量间的关系曲线是条直线，则易于作图也便于应用。常将幂函数型曲线（如 $y=ax^b$）和指数函数型曲线（如 $y=a10^{bx}$）的有关数据分别绘在双对数纸或半对数坐标纸上，就会分别得到直线。因此，对于以上两种函数曲线，如选择图纸适当，即可使图形简单易做。水力学中尼古拉兹图采用双对数坐标纸。

(2)纵横比例尺的确定。一般以横坐标轴表示自变量，纵坐标轴表示因变量。坐标轴上的尺度和单位的选择要合理，要使测量数据在坐标图中处于适当的位置，不使数据群落点偏上或偏下，不致使图形细长或扁平。纵、横坐标的比例尺不一定取得一样，应使所画出曲线的坡度尽可能介于 30°～60°之间为好。

(3)坐标轴上变量的名称、符号、单位以及分度值的标注。在纵、横坐标轴上，一般需注明变量名称、符号及单位。在坐标轴上应明确标明分度值，所标数值的位数最好与实验数据的有效位数相同，以便于很快就能从图上读出任一点的坐标值。

(4)根据实验数据绘出实验点并作出曲线。绘实验点时应力求使其坐标位置准确，并用不同符号区别清楚不同的实验条件和工况。

描绘曲线时需要有足够的数据点，点数太少不能说明参数的变化趋势和对应关系。对于一条直线，一般要求至少有 4 点；一条曲线通常应有 6 点以上才能绘制。当数据的数值变化较大时，该处曲线将出现突折点，在这种情况下，曲线拐弯处所标出的数据点应当多一些，以使曲线弯曲自然，平滑过渡。

图纸上作出数据点后，就可用直尺或曲线板（尺），按数据点的分布情况确定一直线或曲线。根据实验点作曲线时应使曲线光滑，尽量使曲线通过实验点的平均位置，不能任意外延曲线。不同实验条件或工况的曲线应以不同线型区别（如实线、虚线）。直线或曲线不必全部通过各点，但应尽可能地接近（或贯穿）大多数的实验点，只要使各实验点均匀地分布在直（曲）线两侧邻近即可。

画曲线时，先用淡铅笔轻轻地循各数据点的变动趋势，手描一条曲线。然后用曲线板逐段凑合手描曲线的曲率，作出光滑的曲线。最后根据所得图形或曲线进行计算与处理，以获得所需的实验结果。

在实验过程中，由于各种误差的影响，实验数据将呈离散现象，如果把所有实验点直接连接起来，通常不会得出一条光滑的曲线，而是表现出波动或折线状。这时出现的波动变化规律并不与自变量 x 和因变量 y 的客观特性有关，而是反映了误差的某些规律。如何从一组离散的实验数据中,运用有关的误差理论知识求得一条最佳曲线,称为曲线的拟合。由于在拟合过程中,实际上是抹平或修匀由各种随机因素所引起的曲线波动,并将曲线修整为一条光滑均匀的曲线,因而又称为曲线的修匀。

曲线的修匀方法有最小二乘法、分组平均法和残差图法等。用最小二乘法时,工作较繁冗;分组平均法与残差法则比较简单、实用。

3. 数学表示法

用一定的数学方法将实验数据进行处理,可得出实验参数的函数关系式,这种关系式也称经验公式。例如,在尼古拉兹实验基础上给出各分区沿程阻力系数的经验公式,所以用数学法表达实验数据的函数关系对研究水流运动规律有十分重要的意义,被普遍应用。

通过实验得出一组数据之后,可用该组数据在坐标纸上粗略地描述一下,看其变化趋势是接近直线或是曲线。如果接近直线,则可认为其函数关系是线性的,就可用线性函数关系公式进行拟合,用最小二乘法求出线性函数关系的系数。手工拟合十分麻烦,若将拟合方法编成计算程序,将实验数据输入计算机,就可迅速得到实验结果。

对于非线性关系的数据,可将粗描的曲线与标准图形对照,再确定用何种曲线的关系式进行拟合。当然,曲线拟合要复杂得多。为了简化,在可能的条件下,可通过数学处理将数据转化为线性关系。例如,探讨沿程水头损失和流速的变化关系时,将实验数据在直角坐标纸上描绘时是明显的非线性关系,在对数坐标纸上描绘时则成为线性关系,可以用最小二乘法方便地进行处理,用计算机进行快速计算。

用函数形式表达实验结果,不仅给微分、积分、外推或内插等运算带来极大的方便,而且便于进行科学讨论和科技交流。随着计算机的普及,用函数形式来表达实验结果已得到普遍应用。

附录4　水的运动黏滞系数 ν

附表4-1　水的密度　　单位:$10^3 kg \cdot m^{-3}$

温度/℃	水的密度	温度/℃	水的密度	温度/℃	水的密度	温度/℃	水的密度
0	0.999 867	10	0.999 727	20	0.998 229	30	0.995 672
1	0.999 926	11	0.999 632	21	0.998 017	31	0.995 366
2	0.999 968	12	0.999 524	22	0.997 795	32	0.995 051
3	0.999 992	13	0.999 404	23	0.997 563	33	0.994 728
4	1.000 000	14	0.999 271	24	0.997 321	34	0.994 397
5	0.999 992	15	0.999 126	25	0.997 069	35	0.994 058
6	0.999 968	16	0.998 969	26	0.997 808	36	0.993 711
7	0.999 929	17	0.998 800	27	0.996 538	37	0.993 356
8	0.999 876	18	0.998 621	28	0.996 528	38	0.992 993
9	0.999 808	19	0.998 430	29	0.995 959	39	0.992 622

附表 4－2 水的黏滞系数

温度/℃	黏滞系数 ν/(cm^2/s)	温度/℃	黏滞系数 ν/(cm^2/s)	温度	黏滞系数 ν/(cm^2/s)
0	0.017 9	11	0.012 7	21	0.009 8
1	0.017 3	12	0.012 4	22	0.009 6
2	0.016 7	13	0.012 0	23	0.009 4
3	0.016 2	14	0.011 7	24	0.009 1
4	0.015 7	15	0.011 4	25	0.008 9
5	0.015 2	16	0.011 1	26	0.008 7
6	0.014 7	17	0.010 8	27	0.008 5
7	0.014 3	18	0.010 6	28	0.008 4
8	0.013 9	19	0.010 3	29	0.008 2
9	0.013 5	20	0.010 1	30	0.008 0
10	0.013 1			40	0.006 60

水力学实验报告集

实验一　水静力学基本方程实验

实验报告　　成绩：

课程＿＿＿＿＿＿＿＿＿＿＿＿＿＿＿＿＿＿　实验日期：　　年　　月　　日

专业班号＿＿＿＿＿＿＿组别＿＿＿＿＿＿＿　交报告日期：　年　　月　　日

姓名＿＿＿＿＿＿＿＿＿学号＿＿＿＿＿＿＿　报告退发：　（订正、重做）

同组者＿＿＿＿＿＿＿＿＿＿＿＿＿＿＿＿＿　教师审批签字：

实验报告格式

一、预习准备：实验目的和要求、实验仪器和设备等；

二、实验过程：实验步骤和实验数据记录等；

三、实验总结：实验数据处理和实验结果讨论等；

四、实验思考题。

实验名称：水静力学基本方程实验

实验设备名称：________________ 仪器编号：________________

已知数据 $z_1=$__________ cm，$z_2=z_3=$__________ cm。

1. 实验数据记录及计算成果

项 目	$\frac{p_1}{\gamma}$ / cm	$\frac{p_2}{\gamma}$ / cm	$\frac{p_3}{\gamma}$ / cm	$\frac{p_4}{\gamma}$ / cm	$\frac{p_5}{\gamma}$ / cm	Δh_1 / cm	Δh_2 / cm	$\frac{p_0}{\gamma}$ / cm	$z_1+\frac{p_1}{\gamma}$ / cm	$z_2+\frac{p_2}{\gamma}$ / cm	γ / kg/m^3
$p_0=p_a$											
$p_0>p_a$											
$p_0<p_a$											

实验日期： 学生签名： 指导教师签名：

注：$\Delta h_1=\frac{p_2-p_3}{\gamma}$；$\Delta h_2=\frac{p_5-p_4}{\gamma}$。

2. 实验成果分析

3. 思考题

(1)表面压强 p_0 的改变,对 1,2 两点的压强水头有什么影响,对真空压强有什么影响?

(2) 相对压强与绝对压强、相对压强与真空压强有什么关系?

(3)U 形管中的压差 Δh_2 与液面压强 p_0 的变化有什么关系?

(4) 如果在 U 形管中装上与密闭容器相同的水,则当调压筒升高或降低时,U 形管中 Δh_2 的变化与 Δh_1 的变化是否相同?

实验二　壁挂式自循环流动演示实验

实验报告　　成绩：

课程＿＿＿＿＿＿＿＿＿＿＿＿＿＿＿＿＿＿实验日期：　　年　　月　　日
专业班号＿＿＿＿＿＿＿组别＿＿＿＿＿＿＿交报告日期：　年　　月　　日
姓名＿＿＿＿＿＿＿＿＿学号＿＿＿＿＿＿＿报告退发：　（订正、重做）
同组者＿＿＿＿＿＿＿＿＿＿＿＿＿＿＿＿＿教师审批签字：

实验报告格式

一、预习准备：实验目的和要求、实验仪器和设备等；

二、实验过程：实验步骤和实验现象等；

三、实验思考题。

实验名称：壁挂式自循环流动演示实验

思考题

(1)看到的水流流动线是流线还是迹线?

(2)分析比较均匀流和非均匀流,渐变流和急变流的流线特征。其自是在怎样的边界条件下产生的?

实验三　能量方程验证实验

实验报告　　成绩：

课程＿＿＿＿＿＿＿＿＿＿＿＿＿＿＿＿实验日期：　年　月　日

专业班号＿＿＿＿＿＿组别＿＿＿＿＿＿交报告日期：　年　月　日

姓名＿＿＿＿＿＿＿＿学号＿＿＿＿＿＿报告退发：（订正、重做）

同组者＿＿＿＿＿＿＿＿＿＿＿＿＿＿＿教师审批签字：

实验报告格式

一、预习准备：实验目的和要求、实验仪器和设备等；

二、实验过程：实验步骤和实验现象等；

三、实验总结：实验数据处理和实验结果讨论等；

四、实验思考题。

实验名称：能量方程验证实验

实验设备名称：____________________ 仪器编号：____________________

1. 实验数据记录及计算成果

测管编号	流量 Q cm^3/s	管径 d cm	面积 A cm^2	$z+p/\gamma$ cm	流速 v cm/s	$v^2/2g$ cm	总水头 H cm	水头损失 h_w cm

指导教师签名：　　　　　　　　　　实验日期：

2. 实验成果分析

(1)根据实测的各点测压管水头和总水头，点绘测压管水头和总水头的沿程变化线。

(2)根据实测流量和各测量断面的管径，计算出各测量断面的流速水头和总水头，并同实测的总水头进行比较。

(3)在同一张图上点绘出液体的总水头线，求出各管段的水头损失。

3. 思考题

(1)简述能量方程应用条件和注意事项。

(2)测压管测量的是绝对压强还是相对压强?

(3)沿流程测压管水头线可以降低也可以升高,总水头线也可以沿流程升高吗?

(4)试述能量方程的物理意义和几何意义。

实验四　能量方程应用实验

实验报告　　成绩：

课程________________实验日期：　年　月　日
专业班号________组别________交报告日期：　年　月　日
姓名________学号________报告退发：（订正、重做）
同组者________________教师审批签字：

实验报告格式
一、预习准备：实验目的和要求、实验仪器和设备等；
二、实验过程：实验步骤和实验数据记录等；
三、实验总结：实验数据处理和实验结果讨论等；
四、实验思考题。

实验名称：文丘里流量系数测定

实验设备名称：____________________ 仪器编号：____________________

已知数据：文丘里流量计喉管直径 $d=$ cm；

管道直径 $D=$ cm；系数 $K=$ $cm^{5/2}/s$。

1. 实验数据及计算成果

用体积法测量流量

测次	h_1/cm	h_2/cm	差压 Δh/cm	体积/cm^3	时间/s	$Q_{实}$/cm^3/s	$Q_{理}=K\sqrt{\Delta h}$/cm^3/s	μ

实验日期： 指导教师签名：

2. 绘制流量系数 μ 与实际流量 Q 关系曲线以及流量 Q 与差压 Δh 关系曲线

流量系数 μ 与流量 Q 关系曲线

流量 Q 与差压 Δh 关系曲线

3. 实验成果分析

4. 思考题

(1)如果文丘里流量计没有水平放置,对测量结果有无影响。

(2)如何确定文丘里流量计的水头损失?

(3)通过实验说明文丘里流量计的流量系数随流量有什么变化规律?

实验报告　　成绩：

课程＿＿＿＿＿＿＿＿＿＿＿＿＿＿＿＿＿＿＿＿实验日期：　　年　　月　　日
专业班号＿＿＿＿＿＿＿＿组别＿＿＿＿＿＿＿＿交报告日期：　年　　月　　日
姓名＿＿＿＿＿＿＿＿＿＿学号＿＿＿＿＿＿＿＿报告退发：　（订正、重做）
同组者＿＿＿＿＿＿＿＿＿＿＿＿＿＿＿＿＿＿＿教师审批签字：

实验报告格式
一、预习准备：实验目的和要求、实验仪器和设备等；
二、实验过程：实验步骤和实验数据记录等；
三、实验总结：实验数据处理和实验结果讨论等；
四、实验思考题。

实验名称：孔口和管嘴出流流量系数测定

实验设备名称： 仪器编号：

已知数据：孔口直径 $d_{孔}$ = cm； 孔口面积 = cm^2；

管嘴直径 $d_{嘴}$ = cm； 管嘴面积 = cm^2；

1. 实验数据及计算成果

测次	孔口或管嘴直径	面积 A	$\frac{H}{cm}$	收缩断面直径 d	收缩系数	$\frac{体积}{cm^3}$	$\frac{时间}{s}$	$\frac{Q_{实}}{cm^3/s}$	$\frac{Q_{计}}{cm^3/s}$	$\mu_{孔}$	
1											孔口
2											
3											
1											管嘴
2											
3											

实验日期： 学生签名： 指导教师签名：

2. 绘制孔口和管嘴流量系数与水头的关系曲线

流量系数 μ 与水头 H 的关系曲线

3. 实验成果分析

4. 思考题

(1)管嘴出流阻力比孔口阻力大，但是当 H 和 A 相同时，通过的流量比孔口还大，请解释这一现象的物理原因。

(2) 对水来说，防止接近汽化压力而允许真空度 $h_{真空}=7$ m 水柱，要保证不破坏管嘴正常水流，最大限制水头 H 应为多少？

(3) 为什么取管嘴长度 $L=(3\sim4)d$？

实验五　雷诺实验

实验报告　　成绩：

课程＿＿＿＿＿＿＿＿＿＿＿＿＿＿＿＿＿＿实验日期：　　年　　月　　日
专业班号＿＿＿＿＿＿组别＿＿＿＿＿＿交报告日期：　年　　月　　日
姓名＿＿＿＿＿＿＿＿学号＿＿＿＿＿＿报告退发：　（订正、重做）
同组者＿＿＿＿＿＿＿＿＿＿＿＿＿＿＿＿教师审批签字：

实验报告格式

一、预习准备：实验目的和要求、实验仪器和设备等；

二、实验过程：实验步骤和实验数据记录等；

三、实验总结：实验数据处理和实验结果讨论等；

四、实验思考题。

实验名称：雷诺实验

实验设备名称：＿＿＿＿＿＿＿＿＿＿ 仪器编号：＿＿＿＿＿＿＿＿＿＿

已知数据：管道直径 $d=$　　cm；管道断面面积 $A=$　　cm^2；水温 $t=$　　℃；

斜比压计夹角 $\alpha=$　　°；水的运动黏滞系数 $\nu=$　　cm^2/s。

1. 实验数据及计算成果

测次	$\frac{L_1}{cm}$	$\frac{L_2}{cm}$	$\frac{\Delta L}{cm}$	$\frac{差压\ \Delta h}{cm}$	$\frac{体积}{cm^3}$	$\frac{时间}{s}$	$\frac{Q_{实}}{cm^3/s}$	$\frac{流速\ v}{cm/s}$	Re

实验日期：　　　　学生签名：　　　　指导教师签名：

2. 绘制水头 h_f 与 Re 的关系曲线

h_f 与 Re 的关系曲线

3. 实验成果分析

(1)求出 Re_K。

(2) 分析层流和紊流时沿程水头损失随流速的变化规律。

4. 思考题

(1) 为什么实验时水箱水位要保持恒定?

(2) 影响 Re 的因素有哪些?

(3) 在圆管中流动,水和油两种流体的 Re_K 相同吗?

(4)讨论层流和紊流有什么工程意义?天然河道水流属于什么形态?

实验六　管道沿程阻力系数测定实验

实验报告　　成绩：

课程________________________________实验日期：　　年　　月　　日
专业班号____________组别______________交报告日期：　年　　月　　日
姓名__________________学号______________报告退发：　（订正、重做）
同组者_______________________________教师审批签字：

实验报告格式

一、预习准备：实验目的和要求、实验仪器和设备等；
二、实验过程：实验步骤和实验数据记录等；
三、实验总结：实验数据处理和实验结果讨论等；
四、实验思考题

实验名称：管道沿程阻力系数测定实验

实验设备名称：＿＿＿＿＿＿＿＿＿ 仪器编号：＿＿＿＿＿＿＿＿＿

已知数据：管道材料　　　　；管道直径 $d=$ 　　cm；管道断面面积 $A=$ 　　cm^2；

实验段长度 $L=$ 　　cm；水温 $t=$ 　　℃；水的运动黏滞系数 $\nu=$ 　　cm^2/s。

1. 实验数据及计算成果

用体积法测量流量

测次	h_1/cm	h_2/cm	Δh/cm	体积/cm^3	时间/s	$Q_实$/(cm^3/s)	流速/(cm/s)	λ	Re	δ_0/cm	Δ/δ_0	实验区域判断

实验日期　　　　　　学生签名　　　　　　指导教师签名

2. 绘制沿程阻力系数 λ 与 Re 的关系曲线

沿程阻力系数 λ 与 Re 关系曲线

3. 实验成果分析

(1)根据绘制沿程阻力系数 λ 与 Re 的关系曲线，分析沿程阻力系数 λ 随 Re 的变化规律。并将成果与莫迪图 6－2 进行比较，分析实验所在的区域。

(2) 也可以用下面的方法对实验曲线进行分析，判断流动区域。当 $Re < 2\,000$ 时，为层流，$\lambda = 64/Re$。当 $2\,000 < Re < 4\,000$ 时，为层流到紊流的过渡区。当 $Re > 4\,000$ 时，液流形态已进入紊流区，这时，沿程阻力系数决定于黏性底层厚度 δ_0 与绝对粗糙度 Δ 的比值。黏性底层厚度的计算公式为

$$\delta_0 = \frac{32.8d}{Re\sqrt{\lambda}}$$

根据绝对粗糙度与黏性底层厚度的比值，对紊流区域判断如下：

当 $\Delta/\delta_0 < 0.3$ 的为紊流光滑区，$\lambda = f(Re)$，λ 仅与 Re 有关；当 $0.3 \leqslant \Delta/\delta_0 < 6.0$ 时为紊流过渡区，$\lambda = f(Re, d/\Delta)$，$\lambda$ 不仅与 Re 有关，而且与相对光滑度 d/Δ 有关；当 $\Delta/\delta_0 > 6.0$ 时为阻力平方区(粗糙区)，$\lambda = f(d/\Delta)$，λ 仅与相对光滑度 d/Δ 有关。

(3) 由实测的层流区的 h_f 计算黏滞系数 μ。已知在层流区 $\lambda = 64/Re$，$Re = vd/\nu$，代入式(6－3) 得 $\nu = gd^2h_f/(32Lv)$，又 $g = \gamma/\rho$，$\mu = \rho\nu$，可得

$$\mu = \frac{\gamma d^2 h_f}{32Lv}$$

4. 思考题

(1)实验前为什么要将管道、差压计和橡皮管内空气排尽？怎样检查空气已被排尽？

(2)量测出的实验管段压强水头之差为什么叫作沿程水头损失？其影响因素有哪些？计算水头损失的目的是什么？

(3)尼古拉兹实验揭示了哪些流动区域和能量损失的规律性？

(4)分析实验曲线在哪些区域？

实验七　管道局部阻力系数测定实验

实验报告　　成绩：

课程________________________________实验日期：　　年　　月　　日

专业班号____________组别____________交报告日期：　年　　月　　日

姓名________________学号____________报告退发：　（订正、重做）

同组者______________________________教师审批签字：

实验报告格式

一、预习准备：实验目的和要求、实验仪器和设备等；

二、实验过程：实验步骤和实验数据记录等；

三、实验总结：实验数据处理和实验结果讨论等；

四、实验思考题。

实验名称：管道局部阻力系数测定实验

实验设备名称：____________________ 仪器编号：____________________

已知数据：突然扩大管：$d_1=$　　　　cm；　$d_2=$　　　　cm；

　　　　　突然缩小管：$d_3=$　　　　cm；　$d_4=$　　　　cm。

1. 实验数据记录

测次	传统实验方法						差压流量测量仪		
	突然扩大		突然缩小		体积	时间	量水堰测量		流量
	$\frac{z_1+p_1/\gamma}{cm}$	$\frac{z_2+p_2/\gamma}{cm}$	$\frac{z_3+p_3/\gamma}{cm}$	$\frac{z_4+p_4/\gamma}{cm}$	$\frac{V}{cm^3}$	$\frac{t}{s}$	$\frac{\Delta h_1}{cm}$	$\frac{\Delta h_2}{cm}$	$\frac{Q}{cm^3/s}$

实验日期：　　　　　　学生签名：　　　　　　　　指导教师签名：

2. 计算成果

测次	$A_1=$ cm², $A_2=$ cm²						
	突然扩大阻力系数计算						
	$\frac{Q}{cm^3/s}$	$\frac{v_1}{cm/s}$	$\frac{v_1^2/2g}{cm}$	$\frac{v_2}{cm/s}$	$\frac{v_2^2/2g}{cm}$	$\frac{h_j}{cm}$	ζ

测次	$A_3=$ cm², $A_4=$ cm²						
	突然缩小阻力系数计算						
	$\frac{Q}{cm^3/s}$	$\frac{v_3}{cm/s}$	$\frac{v_3^2/2g}{cm}$	$\frac{v_4}{cm/s}$	$\frac{v_4^2/2g}{cm}$	$\frac{h_j}{cm}$	ζ

3. 绘制局部水头损失 h_j（突然扩大和突然缩小）与损失以后断面的流速水头 $v^2/2g$ 的关系曲线

水头损失 h_j（突然扩大和突然缩小）与流速水头 $v^2/2g$ 的关系曲线

4. 实验成果分析

5. 思考题

(1)实验中所选择的测压管一定要在渐变流断面上,为什么?不在渐变流断面上的测压管水头是怎样变化的?

(2)能量损失有几种形式?产生能量损失的物理原因是什么?

(3)影响局部阻力系数的主要因素是什么?

(4)一般计算局部水头损失时,是用流速 v_1 还是 v_2?为什么进口损失不能用流速 v_1?出口损失不能用流速 v_2?

实验八　明渠水跃实验

实验报告　　成绩：

课程____________________实验日期：　年　月　日

专业班号________组别________交报告日期：　年　月　日

姓名________学号________报告退发：　（订正、重做）

同组者____________________教师审批签字：

实验报告格式

一、预习准备：实验目的和要求、实验仪器和设备等；

二、实验过程：实验步骤和实验数据记录等；

三、实验总结：实验数据处理和实验结果讨论等；

四、实验思考题。

实验名称：明渠水跃实验

实验设备名称：____________________ 仪器编号：____________________

已知参数：实验水槽宽度 $B=$ cm；实验水槽底部测针读数 cm。

1. 实验数据及计算成果

测次	实测水跃参数					电磁流量计测流量	矩形量水堰测流量			
	跃前水面测针读数 cm	跃前水深 h_1 cm	跃后水面测针读数 cm	跃后水深 h_2 cm	水跃长度 L_j cm	流量 Q cm^3/s	水面测针读数 cm	零点测针读数 cm	堰上水头 cm	流量 Q cm^3/s

实验日期： 学生签名： 指导教师签名：

水跃参数计算

测次	水跃参数计算						
	η	q cm^2/s	Fr_1	$h_{2计}$ cm	$\eta_{计}$	$L_{计}$ cm	$L_j/L_{计}$

2. 绘制 η 与 Fr_1 的关系曲线

η 与 Fr_1 的关系曲线

3. 实验成果分析

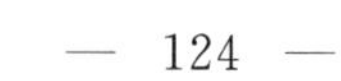

4. 思考题

(1)水跃按其位置分为几种类型,产生的条件是什么?

(2)弗劳德数的物理意义是什么?如何根据弗劳德数判别水流状态?

(3)水跃方程是根据什么原理推导出来的?推导方程时做了哪些假设?

实验九　明渠水面曲线演示实验

实验报告　　成绩：

课程________________________实验日期：　　年　　月　　日
专业班号__________组别__________交报告日期：　年　　月　　日
姓名____________学号__________报告退发：　（订正、重做）
同组者______________________教师审批签字：

实验报告格式
一、预习准备：实验目的和要求、实验仪器和设备等；
二、实验过程：实验步骤；
三、实验总结：实验结果讨论等；
四、实验思考题。

实验名称：明渠水面曲线演示实验

思考题

(1)分析水面曲线的原则是什么？在 $i=0$ 和 $i<0$ 的底坡情况下，有没有正常水深线？

(2) 在 $i>0$ 的渠道中，与临界底坡相比较，分几种水面曲线形式，水面线是怎样分区的？

(3) 在 $i=0$，$i<0$ 和 $i>0$ 的底坡情况下，共有几种水面曲线形式？结合工程实际说明其应用。

实验十　堰流实验

实验报告　　成绩：

课程________________________实验日期：　年　月　日
专业班号__________组别__________交报告日期：　年　月　日
姓名__________学号__________报告退发：　（订正、重做）
同组者________________________教师审批签字：

实验报告格式
一、预习准备：实验目的和要求、实验仪器和设备等；
二、实验过程：实验步骤和实验数据记录等；
三、实验总结：实验数据处理和实验结果讨论等；
四、实验思考题。

实验名称：堰流实验

实验设备名称：____________ 仪器编号：____________

已知数据：宽顶堰堰宽 $b=$ cm；堰高 $P_1=$ cm；堰顶测针读数 cm；

量水堰的堰宽 $b=$ cm；堰高 $P_2=$ cm；堰顶测针读数 cm；

量水堰流量计算公式：

1. 实验数据及计算成果

测次	宽顶堰测量参数			矩形量水堰测流量			
	水面测针读数 cm	堰顶测针读数 cm	堰上水头 cm	堰顶测针读数 cm	水面测针读数 cm	堰上水头 cm	实测流量 Q cm^3/s

测次	实测流量 Q cm^3/s	宽顶堰流量系数计算				
		v_0 cm/s	$v_0^2/2g$ cm	H_0 cm	$b\sqrt{2g}H_0^{3/2}$ cm^3/s	m

2. 绘制流量系数 m 与堰上水头 H 的关系曲线

流量系数 m 与堰上水头 H 的关系曲线

3. 实验成果分析

4. 思考题

(1)如何推导堰流公式,所选堰顶断面水流属于渐变流吗?

(2)影响流量系数的因素有哪些?

(3)宽顶堰水流(自由流)为什么会有两次水面跌落?

实验十一　小桥、涵洞水流实验

实验报告　　成绩：

课程______________________实验日期：　年　月　日
专业班号__________组别__________交报告日期：　年　月　日
姓名__________学号__________报告退发：（订正、重做）
同组者______________________教师审批签字：

实验报告格式
一、预习准备：实验目的和要求、实验仪器和设备等；
二、实验过程：实验步骤和实验数据记录等；
三、实验总结：实验数据处理和实验结果讨论等；
四、实验思考题。

实验名称：小桥、涵洞水流实验

思考题

(1)小桥和涵洞水流现象有何异同?

(2)分析涵洞底坡 i 小于临界坡 i_K 时,涵洞内的水面曲线。

参 考 文 献

[1] 张志昌.水力学实验[M]. 北京:机械工业出版社,2006.

[2] 吴持恭.水力学[M].北京:高等教育出版社,1984.

[3] 赵振兴,何建京. 水力学[M]. 北京:清华大学出版社,2010.

[4] 王亚玲.水力学[M].北京:人民交通出版社,2015.